教科書を飛び出した数学

藤川大祐 著

丸善出版

はじめに

「小学校の算数は役に立つかもしれないけど、中学や高校の数学なんて大人になったら使わない！」

「方程式とか関数とか、何の役に立つんだろう？」

「数学で証明を書くのが、とても苦痛だ！」

数学の話をすると、よくこんなことを言われます。国語、社会科、音楽、美術等ほかの教科は好きでも、数学は嫌い、という人が大勢います。

私の研究室は、「授業実践開発研究室」。いろいろな教科を専門とする学生が、新しい授業をつくる研究をしています。ここ数年、研究室のプロジェクトとして、新しい数学の授業をつくる研究を進めてきました。

たとえば、社会科が専門で、鉄道が好きな学生がいます。この学生は、「ＪＲ最長片道切符の旅」に興味をもち、情報工学に詳しい人の協力を得て、私たちに身近な鉄道を題材とした授業づくりを進めてくれました。

音大を出て、音楽の授業づくりに取り組む大学院生がいました。ドレミ…の音律には平均律と純正律というものがあって、音の響きが全然違うと言います。音律に注目して音楽の歴史をたどると、古代ギリシアのピタゴラスにまで行き着きます。この学生は、音律に関する授業をつくりました。

哲学が好きな学生たちもいます。彼らとは、「証明」を取り上げた授業をつくりました。図形の性質等の証明は中学生には面倒に感じられ嫌われやすいですが、証明に関しては古代ギリシアから現代の四色定理や3D技術に至るまで興味深い話題が山ほどあります。

こんなふうに私たちは、数学を専門としない学生たちの発想を活かして、新しい数学の授業をつくる研究を進めています。

数学には、数学固有の面白さもあります。しかし、それだけではなく、社会とつながる数学の魅力もあります。トリックアート、暗号、電気工学、ゲーム、視聴率等、数学をふまえて見ていくと、興味深いことが見えてきます。

2011年度から、私たちの研究室では、同じキャンパス内のすぐ近くにある千葉大学教育学部附属中学校で、三年生を対象に、「社会とつながる数学」という選択授業を開講し、中学生たちに数学と社会とのつながりを学んでもらう授業を進めてきました。数学が専門ではない学生たちが、それぞれの興味を活かして授業づくりに取り組み、ユニークな授業が多く生まれました。幸い、この授業には多くの方が注目してくださり、ご協力をいただくことができました。

本書は、私たちが「社会とつながる数学」でつくってきた授業の成果を、『教科書を飛び出した数学』という読み物の形で再構成したものです。中学生たちが熱心に取り組んでくれた内容を、多くの方に味わっていただきたいという思いで執筆しました。数学の教科書におさまらない数学の魅力を、お伝えできればうれしく思います。

学生たちとの授業づくりの過程から本書の執筆に至るまで、多くの方々のご協力をいただいたことを感謝申し上げます。特に、千葉大学附属中学校の教職員ならびに生徒のみなさんのご協力がなければ、本書が形になることはなかったと思います。また、一連の授業づくりで活躍してくれた研究室の学生諸君、特に小池翔太、太田貴之、阿部学、根岸千悠といったみなさんに、言葉に尽くせない感謝をしています。

第4章の内容は、私が理事長を務めるＮＰＯ法人企業教育研究会が独立行政法人科学技術振興機構より「社会とつなぐ理数教育プログラムの開発」の助成を受けて開発した授業がもとになっています。このプログラムにかかわってくださったみなさまにも感謝申し上げます。

本書の内容に関連して、私たちが製作したデジタル教材が以下のように表彰されています。あわせて感謝申し上げます。

・NPO法人企業教育研究会「証明～歴史から現代の技術へ（アニメーション教材）」 平成24年度第28回学習デジタル教材コンクールにて「文部科学大臣賞（団体）」を受賞
・阿部学「アート・デザインと数学」 平成25年度第29回学習デジタル教材コンクールにて「東京書籍賞」を受賞

数学は、社会の動きとは距離を置いて発展してきた文化です。しかし、社会の発展に数学はさまざまな形で貢献しており、社会の変化が数学にも影響を及ぼします。私は教育研究者として、今後も子どもたちが数学に興味をもってもらえるような授業づくりを進めていきたいと考えています。そして、そうした授業づくりの成果が、広くさまざまな方々にも数学の面白さをお伝えできるものになることを願っています。

2013年6月

藤川　大祐

もくじ

（本文デザイン＋イラスト＝設樂みな子）

1

音律とハーモニーの数学

ピタゴラスと音律

音楽と数学。音楽は感性、数学は理性が連想され、互いにあまり縁がないように思えるかもしれません。

しかし、音楽と数学には、紀元前のギリシア時代から、深い関係があります。三平方の定理で知られるギリシアの哲人ピタゴラス。ピタゴラスは整数を好み、整数で表せないものを嫌っていたと言われています。

三辺の比が3：4：5の三角形が直角三角形となることは、さらに昔のエジプト文明の時代から知られており、測量で直角を測るのに使われていました。このようなきれいな整数比の三角形に直角が現れることは、ピタゴラスには神秘的な奇跡に思えたことでしょう。3：4：5、5：12：13等、三辺の長さの比が整数比となる三角形を、ピタゴラスは好んだと言われています。

他方、直角二等辺三角形のように、三辺の比が整数比とならない直角三角形もあるはずです。現代では直角二等辺三角形の辺の比は1：1：$\sqrt{2}$と表されますが、$\sqrt{2}$のような正体不明の数についてふれることを、ピタゴラスはタブーとしたそうです。

このように整数を好んだピタゴラスにとって、音楽もまた整数に関連するものでした。ピタゴラスは、何枚かの板を同時に叩いたときの音が、それらの板の長さが単純な整数比と

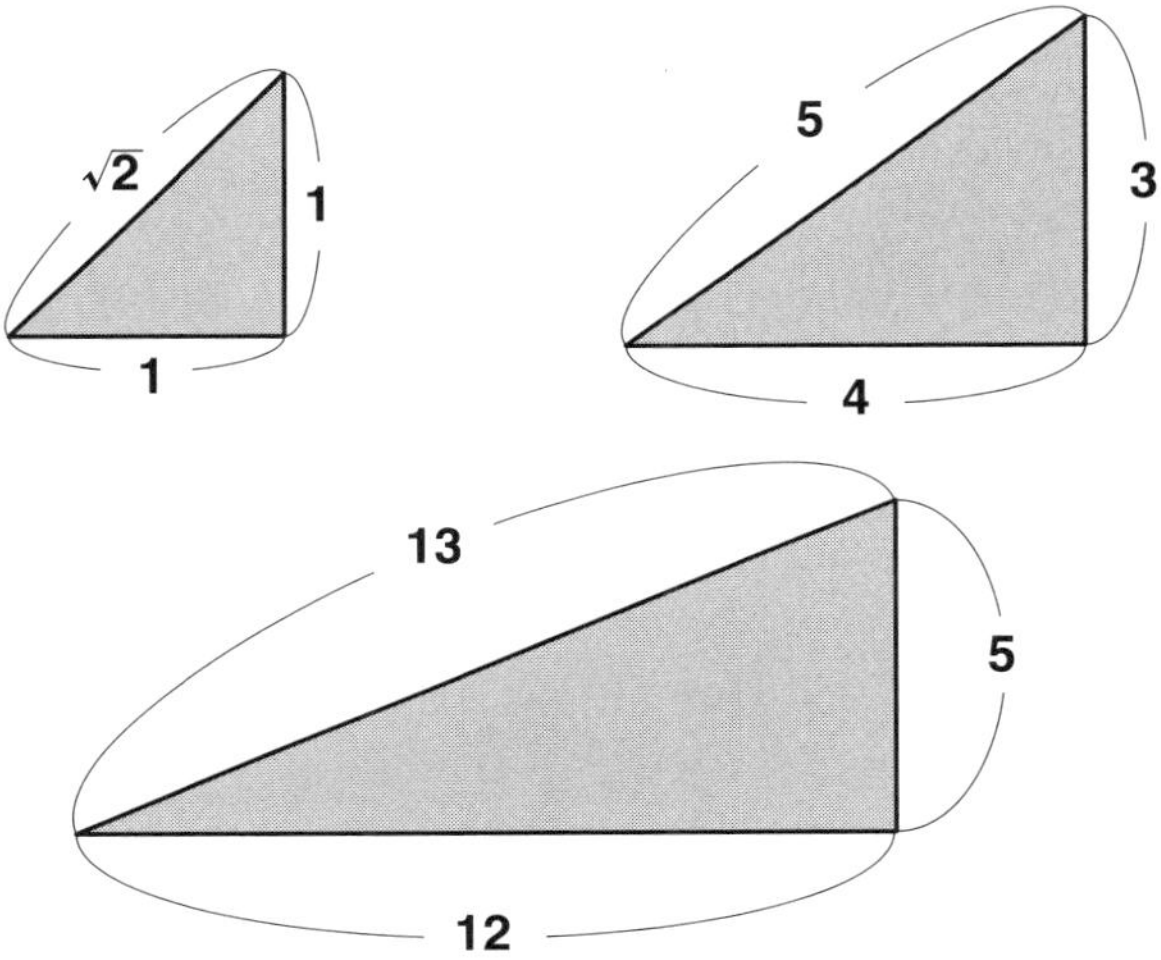

図1-1　三辺の比が整数比となる三角形と、直角二等辺三角形

なっているときに、音がきれいに響き合うことを発見したと言われています。

厳密には、板の長さと音の高さとの関係は単純ではないと思われるので、ここではピタゴラスが音楽について考えたとされることを、現代的な言い方に置き換えて論じていくことにしましょう。

音は、空気振動、すなわち空気を伝わる波です。私たちが感じる音の高さとは、空気が単位時間あたり何回振動するかという周波数（もしくは振動数）のこと、つまり単位時間あたりの波の数です。周波数の単位はHz（ヘルツ）で、これは1秒あたり何回振動するかを意味します。100Hzであれば、1秒間に100回振動するということになります。

私たち人間の耳は、20Hzから15000Hzあるいは20000Hzくらいまでの範囲の空気振動を、音として聞くことができると言われています。人間は年齢が高くなるにつれ高音域の音が聞こえにくくなっていき、17000Hz程度の高さの音（いわゆる「モスキート音」）は20代後半以降の人には聞こえにくいことがわかっています。また、聞こえるかどうかが微妙な100Hz以下（特に20Hz以下）の低周波音（低周波空気振動）は、道路、鉄道、工場、風力発電施設等から発生することがあり、健康への悪影響が指摘されています。

音楽で使われる音は、数百Hzから数千Hzの範囲の音が中心です。一般的なピアノは最低音が約27・5Hz、最高音が4186Hzであり、しばしば音の高さの基準となる低いラは440Hzに調律されます。

先ほども述べましたが、ピタゴラスは、板の長さの比が単純な整数比になるときに、複数の音がきれいに響くことに注目したと言われています。このことを現代的に言えば、周波数が単純な整数比となっている複数の音がきれいに響く、ということになります。

具体的に考えてみましょう。

最も単純な整数比は、1：2です。周波数が1：2となる二つの音とは、オクターブの関係にある音のことです。低いラが440Hzであれば、1オクターブ上のラは880Hzということになります。周波数比が1：2となる二つの音は、波がきれいに重なるのできれいに響い

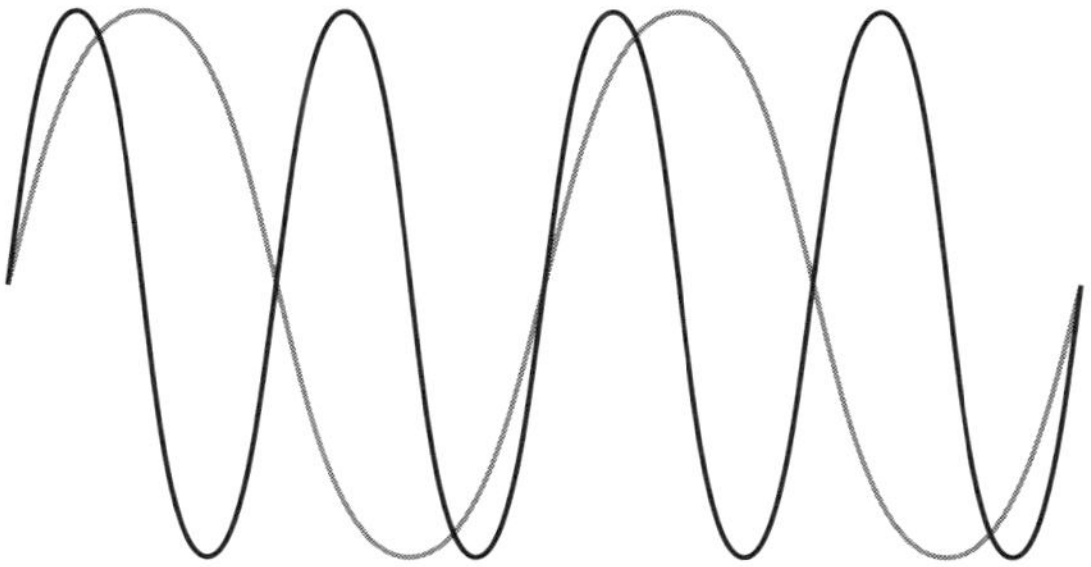

図1-2　周波数の比が1：2となる2つの波

て聞こえます。（実際にはわざわざ二つの音を演奏しなくても、一つの音を楽器等で演奏すれば、周波数が2倍、3倍…となる音も発生してしまうことが一般的です。）

オクターブの関係にある二つの音は、あまりによく響くので、同じ音に準ずる音として扱われます。同じ歌をオクターブ下げて歌ったり上げて歌ったりしても、あまり違和感はないですよね。

次に単純な整数比は、1：3もしくは2：3です。ピタゴラスの考え方では、これらのうち2：3の関係が現代でいう5度に該当します。つまり、低いラとミの関係、ドとソの関係では、周波数が2：3となるわけです。低いラが440Hzであれば、ミは440の1・5倍の660Hzということになります。なお、この考え方では、1：3の関係は、1オクターブと5度の関係ということになります。

ここまでで、次の二つのことが決められました。

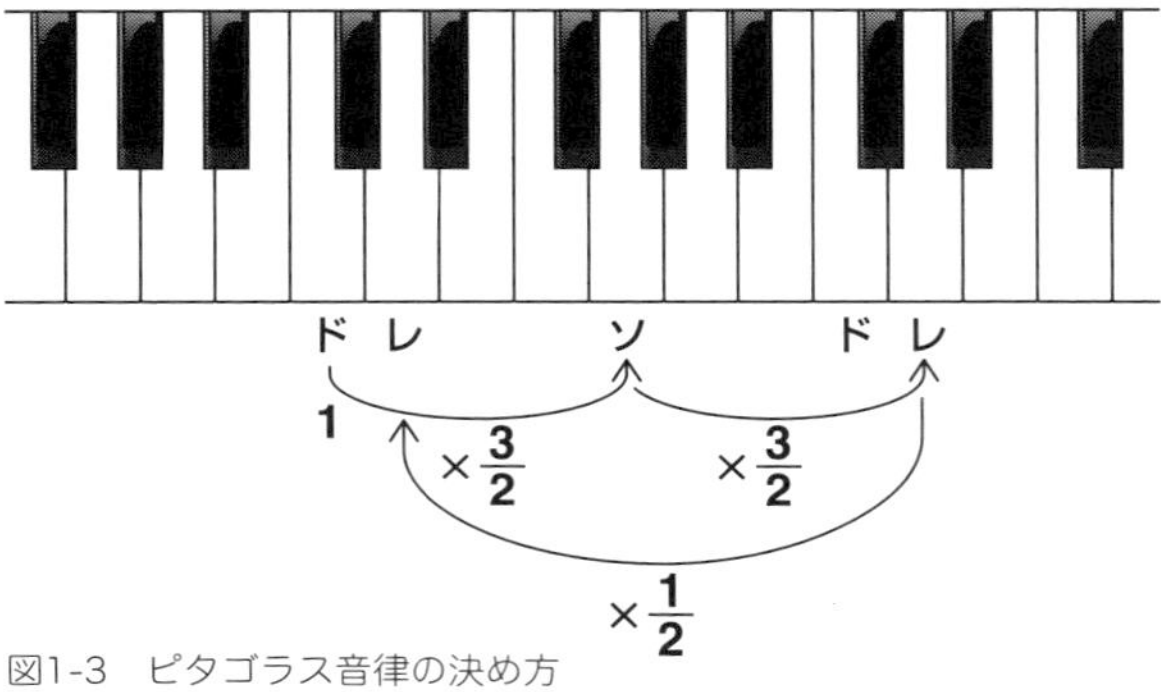

図1-3　ピタゴラス音律の決め方

（1）周波数比1：2となる二つの音の関係は1オクターブ。

（2）周波数比2：3となる二つの音の関係は5度。

ピタゴラスの考え方にもとづく「ピタゴラス音律」は、これら二つのことだけにもとづいてドレミファソラシドの音の周波数を決めようというものです。

あるドの周波数を1とします。このドから5度上の音の周波数を計算していき、最初のドより1オクターブ以上高い音までいったら1オクターブ下げて計算を続けていきます。すると、次のように計算していくことができます（図1-3）。

ドは1。

ソはドの$3/2$倍なので、$3/2$。

高いレはソの$3/2$倍なので、$\left(\frac{3}{2}\right)^2$。

	式	分数	計算値
ド	1	1	1.00000
ソ	3/2	3/2	1.50000
高いレ	$(3/2)^2$	9/4	2.25000
レ	$(3/2)^2/2$	9/8	1.12500
ラ	$(3/2)^3/2$	27/16	1.68750
高いミ	$(3/2)^4/2$	81/32	2.53125
ミ	$(3/2)^4/2^2$	81/64	1.26563
シ	$(3/2)^5/2^2$	243/128	1.89844
高い♯ファ	$(3/2)^6/2^2$	729/256	2.84766
♯ファ	$(3/2)^6/2^3$	729/512	1.42383
高い♯ド	$(3/2)^7/2^3$	2187/1042	2.13574
♯ド	$(3/2)^7/2^4$	2187/2048	1.06787
♯ソ	$(3/2)^8/2^4$	6561/4096	1.60181
高い♯レ	$(3/2)^9/2^4$	19683/8192	2.40271
♯レ	$(3/2)^{10}/2^5$	19683/16384	1.20135
♯ラ	$(3/2)^{11}/2^5$	59049/32768	1.80203
高い♯ミ（つまりファ）	$(3/2)^{12}/2^5$	177147/65536	2.70305
♯ミ（つまりファ）	$(3/2)^{12}/2^6$	177147/131072	1.35152
♯シ（つまりド）	$(3/2)^{13}/2^6$	531441/262144	2.02729

表1-1　ピタゴラス音律を計算してみると…（低いドを1としたときの周波数の比）

オクターブ下のレはこれの$1/2$倍なので、$\left(\frac{3}{2}\right)^2\div 2$…。

結局、表1‐1のようになります。

一応このようになるのですが、まずいことになってきました。最後に出てくる高いドの高さは、2ちょうどでなければならないはずなのですが、約2・03となってしまいます。つまり、12の音を決めていくと、最後に3％弱のずれが生じてしまうのです。3％というと小さいように感じられるかもしれませんが、表のドと#ドの関係を見るとわかるように、半音の関係というのは6～7％の違いです。3％弱であれば半音の半分近い違いなので、音楽としては無視できない違いとなります。

数学的に考えれば、こうした「ずれ」は避けられないことがわかります。先ほどの作業は$3/2$倍と$1/2$倍を組み合わせていくものでしたので、出てくる数は$3^n/2^m$（n、mは自然数）となります。分子と分母は1以外に公約数をもちませんから、約分はできません。

ピタゴラスがこのあたりのことを認識していたかどうかわかりませんが、整数を好むピタゴラスにとってうまく割り切れないという状況は、許しがたいものだったと想像できます。

このピタゴラスの考え方にもとづく音の高さの決め方は、「ピタゴラス音律」とよばれます。「ピタゴラス音律」というときには、ドから5度上をたどっていくのは#ファくらいま

	式	分数	計算値
♭ソ	$(2/3)^6 \times 2^4$	1024/729	1.40466
低い♭ソ	$(2/3)^6 \times 2^3$	512/729	0.70233
♭レ	$(2/3)^5 \times 2^3$	256/241	1.06224
♭ラ	$(2/3)^4 \times 2^3$	128/81	1.58025
低い♭ラ	$(2/3)^4 \times 2^2$	64/81	0.79012
♭ミ	$(2/3)^3 \times 2^2$	32/27	1.18519
♭シ	$(2/3)^2 \times 2^2$	16/9	1.77778
低い♭シ	$(2/3)^2 \times 2$	8/9	0.88889
ファ	$2/3 \times 2$	4/3	1.33333
低いファ	2/3	2/3	0.66667
ド	1	1	1.00000
ソ	3/2	3/2	1.50000
高いレ	$(3/2)^2$	9/4	2.25000
レ	$(3/2)^2/2$	9/8	1.12500
ラ	$(3/2)^3/2$	27/16	1.68750
高いミ	$(3/2)^4/2$	81/32	2.53125
ミ	$(3/2)^4/2^2$	81/64	1.26563
シ	$(3/2)^5/2^2$	243/128	1.89844
高い♯ファ	$(3/2)^6/2^2$	729/256	2.84766
♯ファ	$(3/2)^6/2^3$	729/512	1.42383

表1-2　ピタゴラス音律

でにしておき、逆にドから5度下もたどっていき、表1-2のように音の高さを決めます。

もちろん、このようにしても先ほどのずれの問題が解決されるわけではありません。#ファと♭ソは同じ音と考えたくなりますが、ピタゴラス音律では別の音の扱いになります。先の考え方で音をさらに増やしていくことも可能ですが、#ドと♭レ、#ソと♭ラ等も別の音の扱いとなります。

純正律と3度のハーモニー

ピタゴラス音律では、ドとソ、下のラとミといった5度の関係の音は基本的に2：3の整数比の関係となります。また、ドとファ等の4度の関係の音も、5度とオクターブの組み合わせですから3：4の整数比となり、きれいに響くことになります。このように単純な整数比が使われている音律は「純正律」とよばれ、ピタゴラス音律も純正律の一種と言えます。

しかし、一般に「純正律」とよばれるのは、基準となる音と各音をすべて、比較的に単純な整数比にしたものです。具体的には表1-3のようになります。

ピタゴラス音律とは、レ、ファ、ソが共通で、ミ、ラ、シが異なります。ドとシの関係はいずれにしてもあまり単純な整数比とはなりませんが、ドとミ、ドとラの関係が比較的単純な整数比となっていることに注目しましょう。

	純正律		（参考）ピタゴラス音律
	分数	計算値	
ド	1	1.00000	1.00000
レ	9/8	1.12500	1.12500
ミ	5/4	1.25000	1.26563 ※
ファ	4/3	1.33333	1.33333
ソ	3/2	1.50000	1.50000
ラ	5/3	1.66667	1.68750 ※
シ	15/8	1.87500	1.89844 ※

表1-3　純正律とピタゴラス音律　**※純正律と違うところ**

ドとミの関係は3度の関係です。ドとラは6度の関係ですが、低いラとドの関係は、ドとミと同様に3度の関係です。つまり、この純正律では、3度の関係が、きれいに響く単純な整数比の関係となっているわけです。

合唱等でハーモニーというと、メインのメロディの3度上あるいは3度下の音をとって響かせることが多いですね。ピタゴラス音律ではこの3度のハーモニーはきれいに響きませんが、この純正律では3度のハーモニーがきれいに響くこととなります。ちなみに、この場合の3度の関係の音の比率は表1‐4のようになります。

レとファが単純な整数比にならないのですが、ほかは見事に5⁄4もしくは6⁄5となっています。鍵盤を眺めるとわかりますが、5⁄4となっているのは半音四つ分の「長3度」と言われる関係、6⁄5

ドとミ	5/4
レとファ	32/27
ミとソ	6/5
ファとラ	5/4
ソとシ	5/4
ラとド	6/5
シとレ	6/5

表1-4　純正律での3度の関係

となっているのは半音三つ分の「短3度」と言われる関係です。つまり、この純正律では、レとファを除き、長3度は4：5、短3度は5：6と、それぞれ単純な整数比の関係となります。3度の関係を使ったハーモニーがきれいに響くことがうなずけます。

3度も5度もきれいに響くため、ドミソやソシレといった3和音もきれいに響くことがわかります。ドミソ、ファラド、ソシレの三つの和音は、長調の基本の和音ですが、これらは4：5：6の比の三つの音から構成されており、きれいに響くのです。ラドミやミソシは同じ3和音でも暗く響く和音ですが、これは10：12：15となり（言い換えれば、1/6：1/5：1/4という見た目には美しい比率なのですが）、2音ごとは単純な比の関係であるもののドミソ等とは異なる哀愁を帯びた響きになる、というわけです。

3度の響きがきれいな響きとみなされ、ドミソのような3和音の響きが音楽で頻繁に使われるようになったのは15世紀以降で、音楽の歴史の中では最近のことと言えます。純正律は、整数比の音のハーモニーを、最もよく活かした音律と言えます。

平均律と転調

しかし、純正律には深刻な問題がありました。それは、転調が難しいということです。

純正律の音階の隣り合う音同士の比率は、図1‐4のようになっています。

これを見ると、全音は基本的に$9/8$倍、半音は基本的に$16/15$倍となっていますが、ソからラだけ比率が違います。このため、ドを基本音としていた曲をほかの音を基本音にしてずらそうとすると、いくつかの音の高さを調整し直さなければなりません。まして、曲の途中に転調があったら、演奏が非常に困難になってしまいます。

この問題への対応としては、すべての半音を全く同じ比率にしてしまうことが考えられます。私たちは通常、半音12で1オクターブとしています。半音が1：xの比率だとすれば、次の方程式が成り立ちます。

$$x^{12} = 2$$

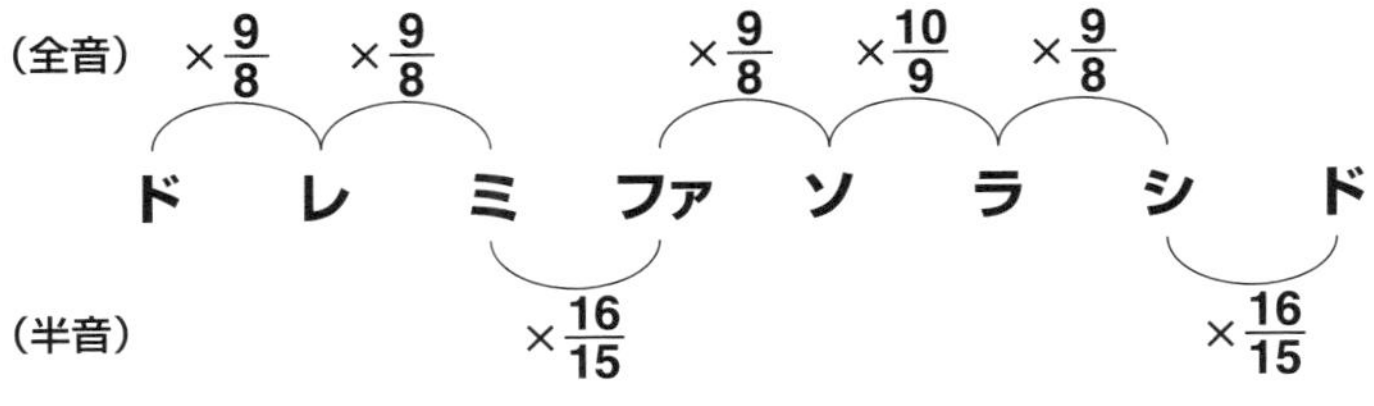

図1-4　純正律における隣り合った音の比律

要は、半音の比率は2の12乗根（12乗して2となる数）ということになります。

このxは、有理数（整数分の整数で表される数）とはならず、無理数となります。このことは、下のように背理法（3章で扱います）で証明できます。

美しい音楽の中に、深遠な闇が見え隠れしています。単純な整数比をもとに音律をつくれば音の比率は一定とならず、音の比率を一定とすれば単純な整数比どころか音の比率は無理数比にしかならないのです。整数を好んだピタゴラスがこの事実を知っていたのかどうか、知っていたとしてどのように扱おうとしたのか、興味深いところです。

パソコン等がなかった時代には、2の

2の1/12乗根が無理数であることの証明

2の1/12乗根xが有理数であると仮定する。

このとき、$x = a/b$ （a、bは互いに素の自然数）と表すことが可能である。（「a、bが互いに素」というのは、「a、bが1以外に公約数をもたない」という意味です。）

$x^{12} = 2$ より $(a/b)^{12} = 2$、 よって $a^{12} = 2b^{12}$。

このため、a^{12}は2の倍数となり、aも2の倍数。これを使って、$a = 2c$（cは自然数）とおくと、

$(2c)^{12} = 2b^{12}$ となり、$2^{11} \cdot c^{12} = b^{12}$ となる。

これより、b^{12}は2の倍数、よってbも2の倍数。この結果、aもbも2の倍数となり、最初の仮定に矛盾する。

よって、背理法によって最初の仮定が誤りであることが証明され、xが無理数であることが示された。

12乗根を計算するのは大変でした。電卓であれば、平方根の平方根を求め、その3乗根を試行錯誤して求めることで、なんとか12乗根を求めることができます。平方根表や対数表を活用する方法もあります。しかし、現代ではパソコンの表計算ソフトを用いて容易に求めることができます。12乗根は1/12乗なので、エクセル等の表計算ソフトに「＝2^（1/12）」と入力すれば2の12乗根が求められます。2の12乗根は、約1・0595です。

念のため、出た数を12乗してみましょう。同じくエクセルに「＝1.0595^12」と入れると、「2.000836183」と出ます。かなり近い値が出ているとわかります（これ以上厳密にしても、実際に楽器や声を合わせることは難しいでしょう）。

平均律では、ドを1とした場合の各音の比率は表1－5のようになります。

純正律と比較をすると、表1－6のようになります。

各音について、ズレはすべて1％未満ですが、ファやソがズレが0.1％程度と小さいのに対して、ミやラではズレが大きくなっています。つまり、平均律において4度、5度は単純な整数比に近く、3度、6度は単純な整数比からやや離れることとなります。

平均律の考え方は紀元前からあると言われるものの、広く使われるようになったのは鍵盤楽器であるピアノが普及した17世紀くらいからのようです（弦楽器でも平均律が古くから使われていたとも言われています）。鍵盤楽器では、個々の鍵盤についてチューニング（調律）

を行うため、曲が変わるごとにチューニングを変えることができず、基準となる音が変わってもそのまま使えるように、平均律が使われたと考えられます。

　平均律は、和音の響きをある意味で犠牲にして、その代わりに自由自在に転調ができることを可能にした音律と言えます。特に、平均律では3度のハーモニーが整数比からある程度離れているので、3度のハーモニーがやや濁った音になると言われます（だからこそ

	平均律	
	式	計算値
ド	1	1.00000
♯ド、♭レ	$2^{1/12}$	1.05946
レ	$2^{2/12}$	1.12246
♯レ、♭ミ	$2^{3/12}$	1.18921
ミ	$2^{4/12}$	1.25992
ファ	$2^{5/12}$	1.33484
♯ファ、♭ソ	$2^{6/12}$	1.41421
ソ	$2^{7/12}$	1.49831
♯ソ、♭ラ	$2^{8/12}$	1.58740
ラ	$2^{9/12}$	1.68179
♯ラ、♭シ	$2^{10/12}$	1.78180
シ	$2^{11/12}$	1.88775
ド	2	2.00000

表1-5　平均律の各音の比率（低いドを1とする）

味があるのだとも言えるかもしれません)。

転調は、クラシック音楽はもちろん、ポピュラー音楽でも効果的に使われます。日本のポピュラー音楽では、安室奈美恵「CAN YOU CELEBRATE ?」(作曲:小室哲哉)や木村カエラ「Butterfly」(作曲:末光篤)等で効果的に使われています。こうした曲が登場した背景には、平均律の普及があったわけです。

12音階は必然か?

ここまで、半音12で1オクターブとなる12音階を前提に話を進めてきましたが、そもそも12音階となることに必然性があるのでしょうか。

古今東西、音階にはさまざまなものがあります。たとえば、日本では「ヨナ抜き音階」といって、ドレミファソラシドの4番目のファと7番目のシ

	平均律	純正律	ズレ(%)
ド	1.00000	1.00000	0.000
レ	1.12246	1.12500	−0.226
ミ	1.25992	1.25000	0.794
ファ	1.33484	1.33333	0.113
ソ	1.49831	1.50000	−0.113
ラ	1.68179	1.66667	0.908
シ	1.88775	1.87500	0.680
ド	2.00000	2.00000	0.000

表1-6　平均律と純正律の比較(低いドを1とする)

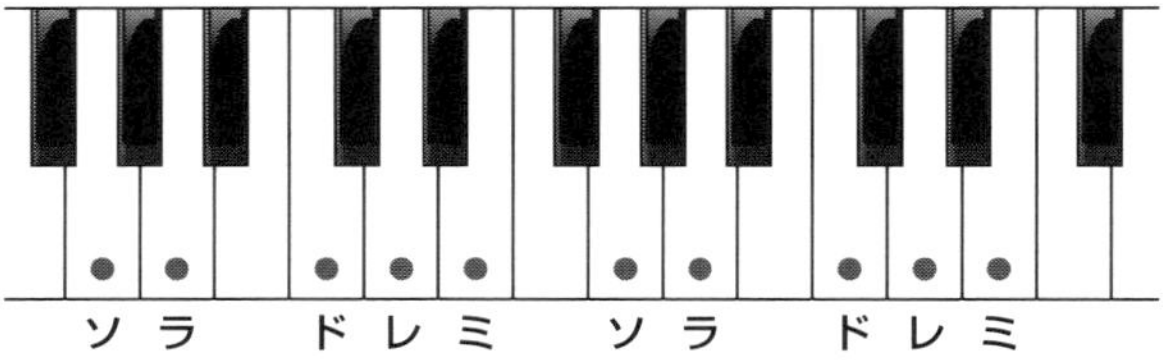

図1-5　ドレミソラだけを使うヨナ抜き音階

を除いたドレミソラだけで構成される音階が使われることがあります（図1-5）。北島三郎「函館の女」（作曲：島津伸男）、坂本九「上を向いて歩こう」（作曲：中村八大）、谷村新司「昴《すばる》」（作曲：谷村新司）等、日本っぽいと感じられる曲では、ヨナ抜き音階がよく使われています。

しかし、このヨナ抜き音階も、12音階の中の一部分のみを使っているのであり、12音階のバリエーションということになります。要は、ヨナ抜き音階も、ピアノで演奏可能な音階ということになります。

すでに見たように、12音階で平均律をとると、基準音を1としたときに9/8、5/4、4/3、3/2、5/3にかなり近い音が登場していました。細かい違いを気にしなければ、12音階は基準音との関係が単純な整数比となる音を多く含んでいる音階となります。2の$n/12$乗にこうした性質があることが、私たちに音階をもたらし、音楽をもたらした背景にある、ということになるでしょうか。

試しに、2音階から60音階まで、平均律でどのような音階ができるかを計算してみました。最も重要と思われる基準音との比が2：3に近い音を探すことを優先し、1.5に近いところを探してみます。すると、12音階より1.5に近い音が登場するのは、以下の場合だとわかります。

29音階の17音目　約1・50129
41音階の24音目　約1・50042
53音階の31音目　約1・49994
58音階の34音目　約1・50129
（29音階の17音目と58音階の34音目は同じ音）

12音階よりかなり複雑になりますが、これらのうち53音階には特に1.5に近い音があり、8世紀の中国の音楽理論家である京房や17世紀の数学者メルカトルも関心を示していたと言われます。

2

次元を超える トリックアート

エイムズの部屋

下の写真を見てください（図2-1）。

2人の人の大きさがずいぶん違って見えますが、これは錯覚です。部屋が特殊な形をしているために、部屋の中にいる人の大きさが誤って見えてしまっています。このように錯覚を楽しむアート作品は、**「トリックアート」**とよばれます。東京都の高尾山、横浜の中華街、長崎県のハウステンボス等、全国各地にトリックアートを展示した美術館があります。

下のエイムズの部屋の写真は、右側の人が左側の人よりずっとカメラの近くにいるために、右側の人が大きく写っています。しかし、右側の人が近くにいるように見えないので、奇妙な感じがします。

右の写真の中で、部屋の壁や床や天井の区切

図2-1　エイムズの部屋

りとなっているであろう部分のみを抽出すると、次のようになります（図２‐２）。

これだけを見ても、奥行きをもった部屋の形としては認識しにくいかもしれません。しかし、次のように壁の絵や床の模様も入れるとどうでしょうか（図２‐３）。

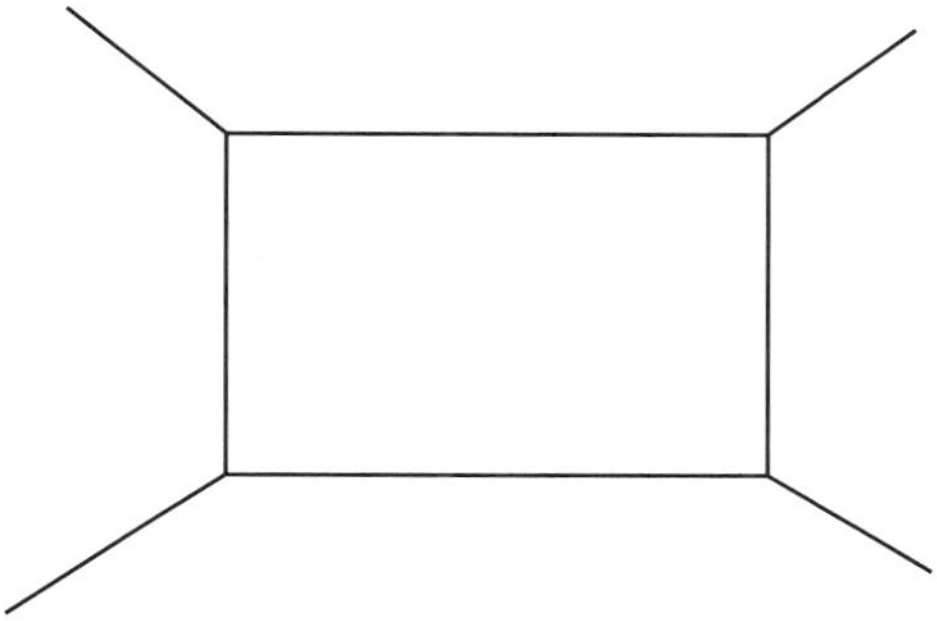

図2-2　エイムズの部屋の枠組み

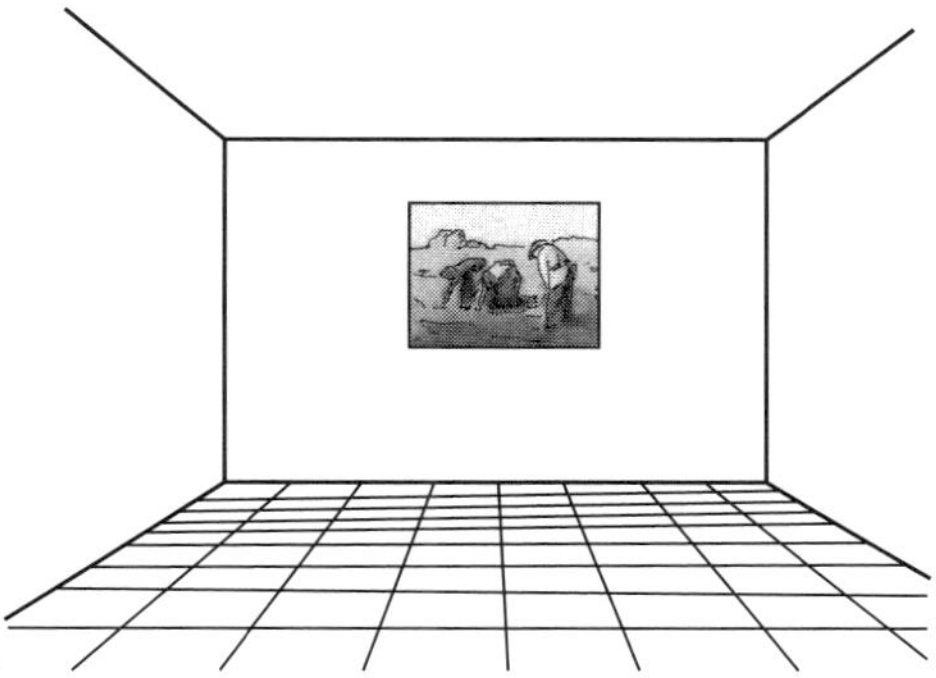

図2-3　絵や模様を入れると…

すると、今度は直方体の部屋に見えてきます。直方体の部屋の写真を撮ると、こんなふうに見えそうです。

写真を撮ることは、３次元の空間を２次元に変換することです。つまり、奥行きのある３次元の部屋を、奥行きのない２次元に写しとるわけです。イメージとしては、１枚の平面に影を映すような感じです（図２－４）。

実際にエイムズの部屋の模型を設計してみましょう。

見かけ上、この部屋が、高さ２メートル、横幅３メートル、奥行き５メートルの直方体に見えるとします。しかし、実際には左端に人や物を置くと、人や物は右端の場合と比較して２/３倍に縮小して見えるとしましょう。カメラは、見かけ上、地面から1.5メートルの位置に置きます。

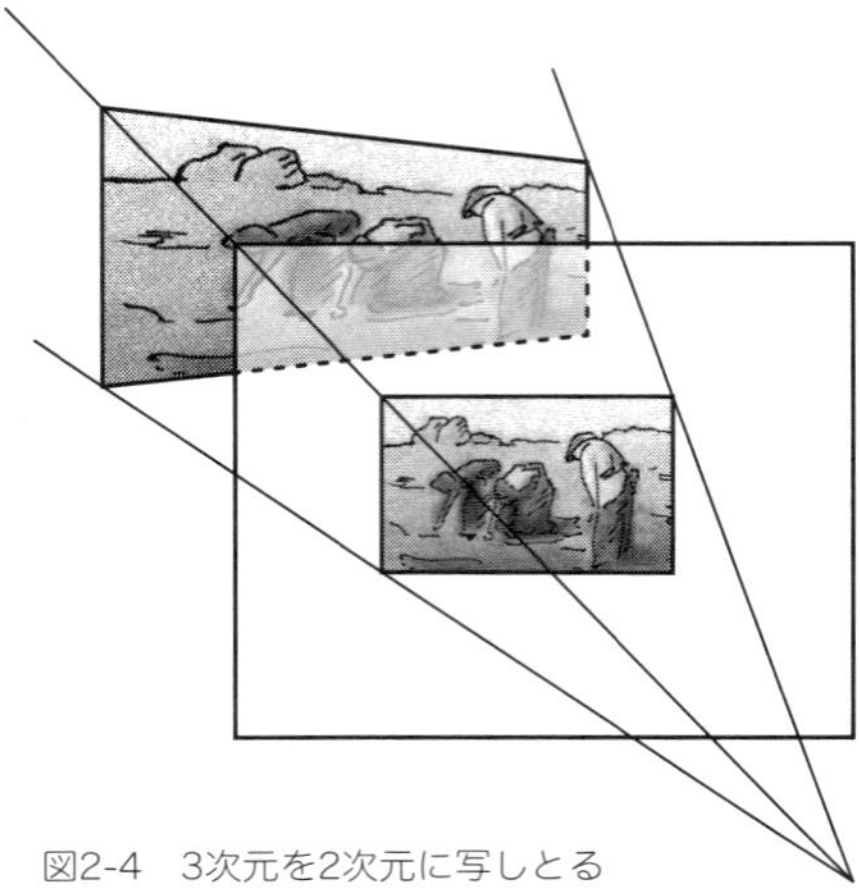

図2-4　3次元を2次元に写しとる

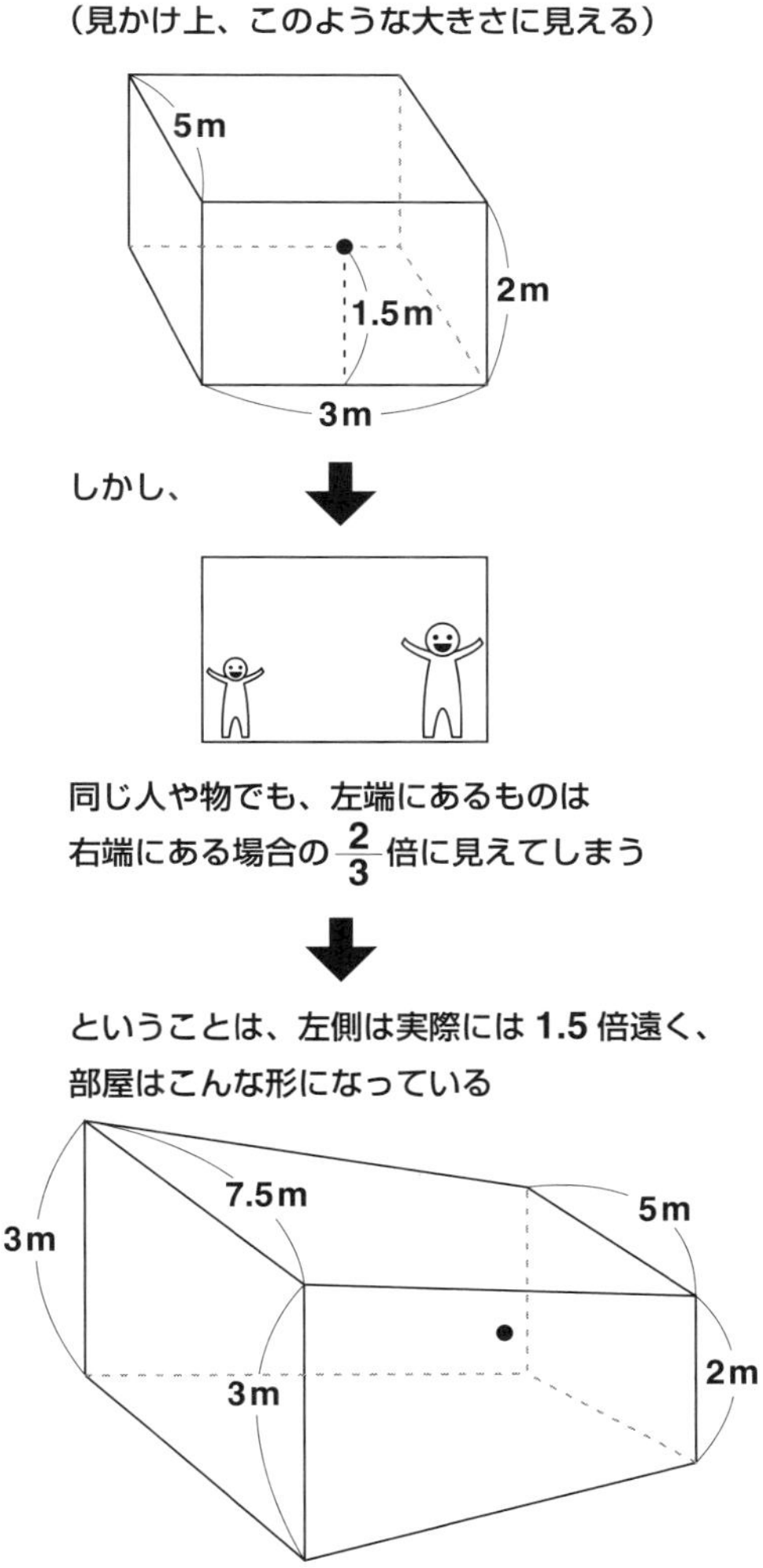
(見かけ上、このような大きさに見える)
5m
1.5m
2m
3m
しかし、
同じ人や物でも、左端にあるものは
右端にある場合の $\frac{2}{3}$ 倍に見えてしまう
ということは、左側は実際には 1.5 倍遠く、
部屋はこんな形になっている
7.5m
5m
3m
2m
3m

図2-5　エイムズの部屋の構造

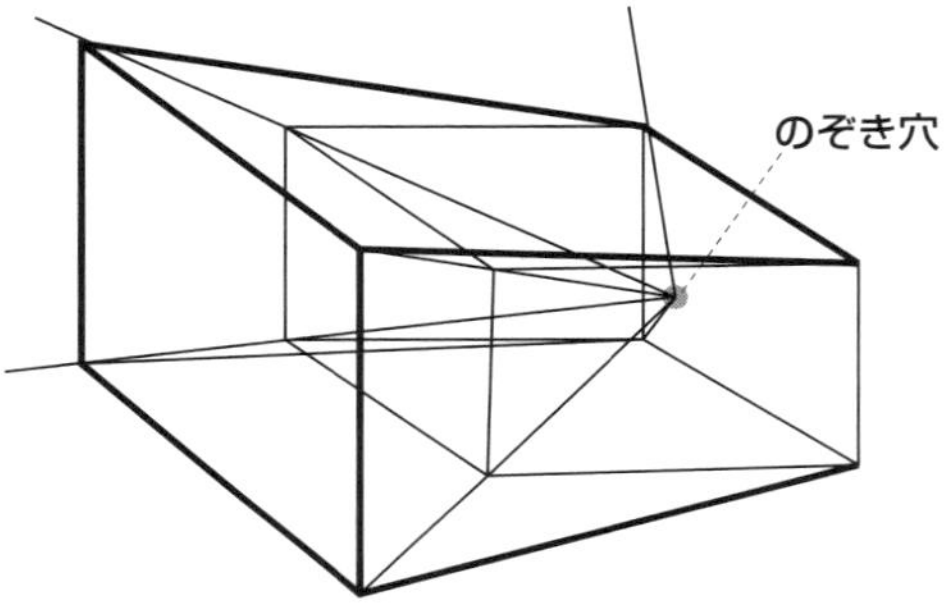

図2-6　見かけ上の部屋と実際の部屋の関係

このためには、左側の壁は右側の壁の1.5倍に拡大された大きさになり、カメラからの距離が右側の壁の場合より1.5倍遠いところにあるようにする必要があります。

見かけ上の直方体の部屋と、実際の部屋との関係は、次のようになります（図2-6）。

右側の壁は、高さ2メートル、幅5メートルのままです。左側の壁はこれを1.5倍に拡大して、高さ3メートル、幅7.5メートルとなります。これに合わせてカメラ側の壁と奥の壁、そして床をつくると、次のようになります（図2-7）。

結局、付録（153ページ）に載せた形の展開図をつくることができます。これをコピーし、切り取って組み立てると、エイムズの部屋の模型ができます。カメラ部分に小さい穴をあけてのぞき込むと、人物の大きさが奇妙に見えます。実際には床が斜めになるのですが、壁を鉛直に立てるように調整することが重要です。

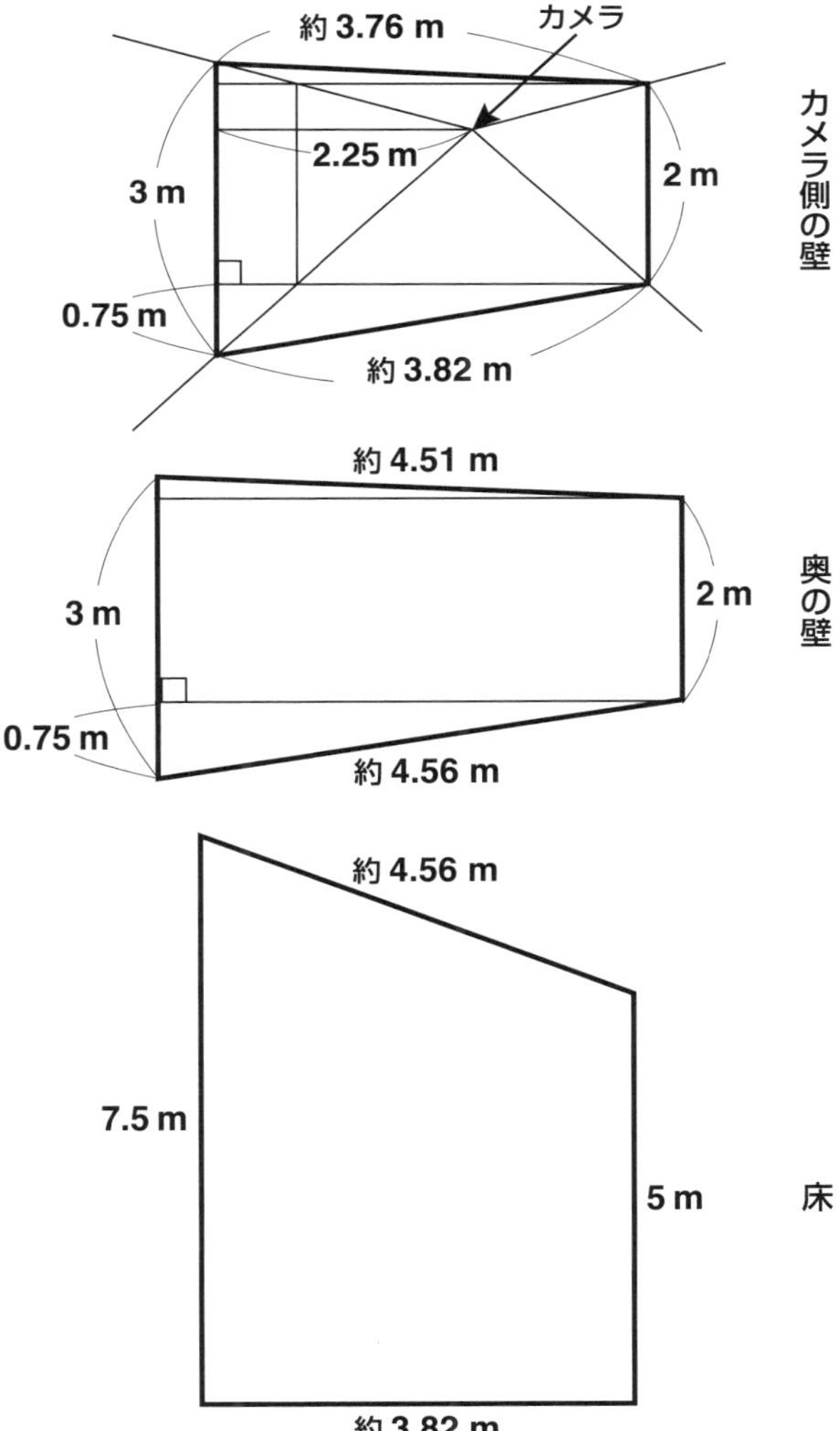
約 3.76 m
カメラ
2.25 m
3 m
2 m
0.75 m
約 3.82 m
カメラ側の壁
約 4.51 m
3 m
2 m
0.75 m
約 4.56 m
奥の壁
約 4.56 m
7.5 m
5 m
約 3.82 m
床

図2-7　各面の形

私たちは、物の位置や見た目の大きさだけでなく、目の焦点距離や両目の見え方の差等も遠近の判断に利用しています。しかし、小さい穴からのぞき込むように見ると、遠近の判断がしづらくなり、錯覚を起こしてしまいます。これはつまり、3次元の空間を2次元に近い形でとらえ、そこから3次元の空間を推測するために錯覚が起きるということです。言わば、3次元と2次元を往復することで、トリックアートが成立しているのです。

遠近法と消失点

トリックアートに限らず、絵画は基本的に3次元空間を2次元で表現するものです。3次元空間を2次元で表現する手法の代表は、**遠近法**です。基本的には先ほどの図2-4と同様に、言わば、3次元空間の物の影をガラスに映し、そのガラスをなぞって絵を描くものです。視点からの距離が近い物は大きく、遠い物は小さく描かれます。

最も素朴な遠近法は、道路や線路等が遠くにまっすぐ続いている様子を描くものでしょう。道路の両端や2本の線路は平行線として描かれるでしょうが、その平行線の間隔は視点から遠ざかるほど狭くなり、やがて遠い彼方で交わります。

ユークリッド以来、数学では平行線はどこまで行っても交わらないと考えられてきましたが、遠近法では平行線が遠い点で交わることが想定されます。平行線が交わる遠い点は、**消**

失点とよばれます（図2-8）。

遠近法を用いて絵を描くには、まず消失点を決め、消失点に向かう平行線を何本か引いておくとよいでしょう。物の大きさは視点からの距離に反比例するので、物の位置が決まれば、絵の中での物の大きさを計算して決めることが可能です（図2-9）。

遠近法では、消失点を一つでなく複数つくることも可能です。たとえば、交わる2本の直線道路をともに遠近感をつけて描こうと思えば、それぞれの道の行く先2点をそれぞれ消失点と定め、それぞれの道路に平行な直線が各消失点に向かうよう描くことができます。消失点が2点の場合には「二点透視図法」、3点の場合には「三点透視図法」とよばれます。これに従えば、消失点が1点の場合には

図2-8　平行線と消失点

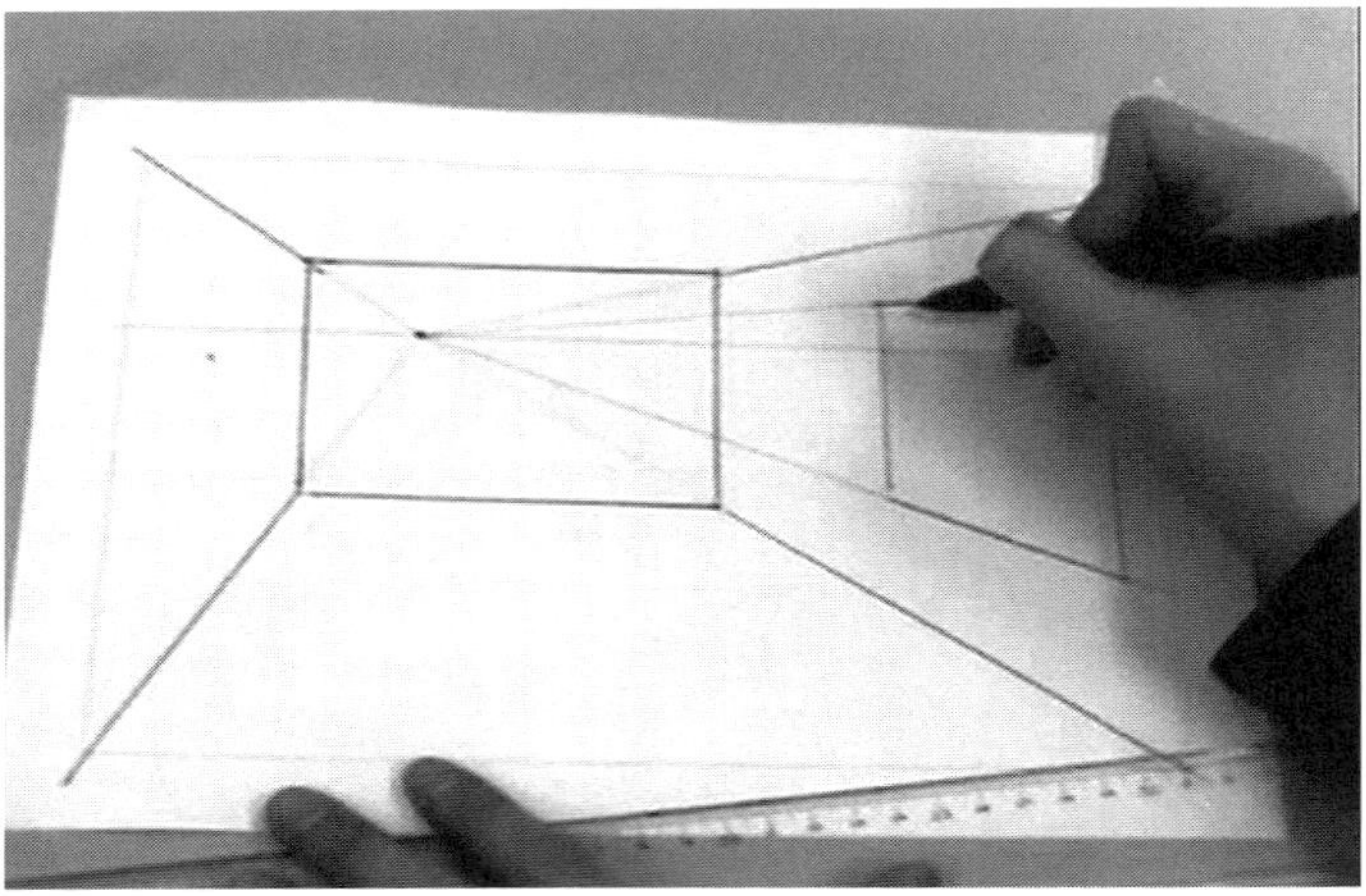

図2-9　一点透視図法

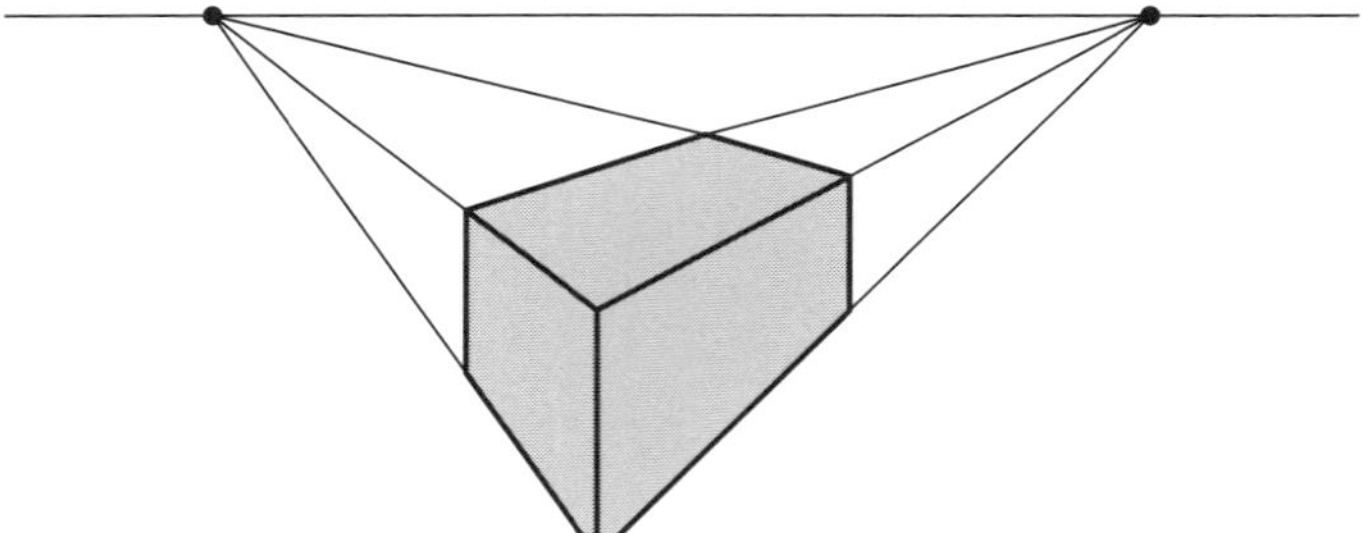

図2-10　二点透視図法

「一点透視図法」です。

こうした遠近法は、1400年代のヨーロッパで発展し、レオナルド・ダ・ヴィンチが使っていることで知られます。現代ではコンピューター・グラフィックスにおいて、3次元のデータを遠近法で2次元上に描く手法が広く活用されています。

ここまで見てきたような3次元の図形を2次元に写した図形を扱う数学は、射影幾何学とよばれます。射影幾何学では、消失点にあたるものを「無限遠点」ととらえ、あらゆる2本の直線は1点で交わるとし、ユークリッドの幾何学とは異なる独自の体系を構築しています。

不可能図形

トリックアートに話を戻しましょう。

エイムズの部屋は、実際の部屋が実際とは違う空間に見えるものでした。しかし、そもそも実際につくることができない図形を描いたトリックアート作品もあります。

たとえば、「ペンローズの三角形」があります（図2-11）。

この図形を見ると、一瞬でおかしいと思うでしょう。一部分ずつ見れば問題がないのですが、全体としては矛盾があると言えます。

何が起きているかを理解するには、この図形を次のように3分割して見るとよいでしょう（図2-12）。

それぞれの部分を見ても、何の問題もありません。しかし、私たちは、それぞれの部分を、

図2-11　ペンローズの三角形

図2-12　各辺で切ってみると…

違う角度から見ていることがわかります。この図形を見るには、言わば三つの別の視点が必要で、一つの視点から統一的に見ることはできません。

次の「ペンローズの階段」も同様です（図2-13）。

これは、（反時計回りであれば）どこまでも登り続けられる階段であり、現実にはありえ

ないものです。「ペンローズの三角形」と同様、私たちは部分ごとに違う角度で図形を見ることになり、全体を統一的に理解することができません。

この手法は、トリックアートを取り入れた作品で知られるエッシャーの作品「上昇と下降」でも使われています（図2-14）。

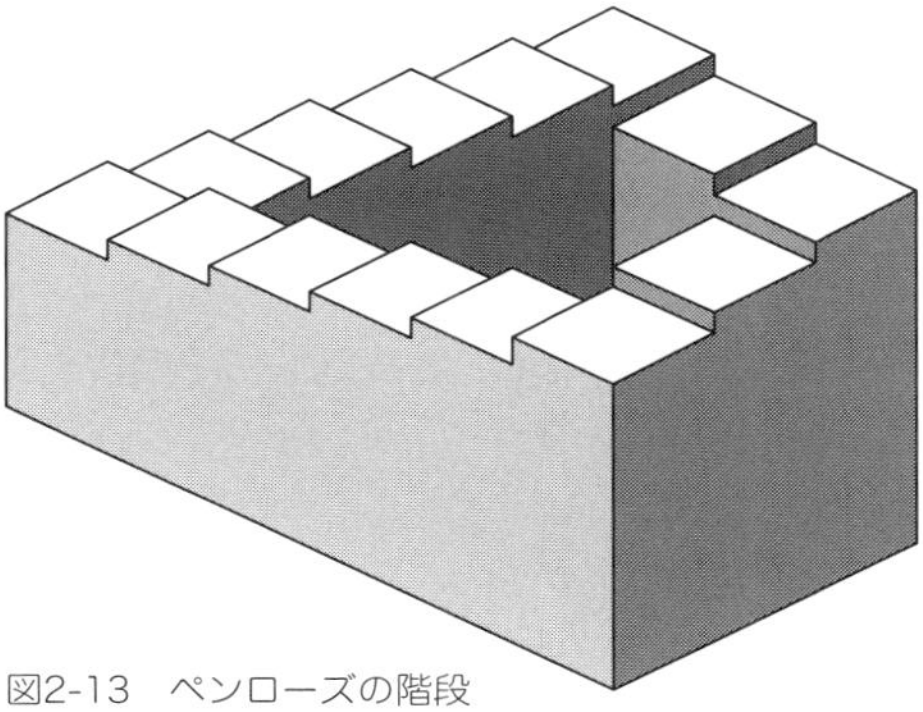

図2-13　ペンローズの階段

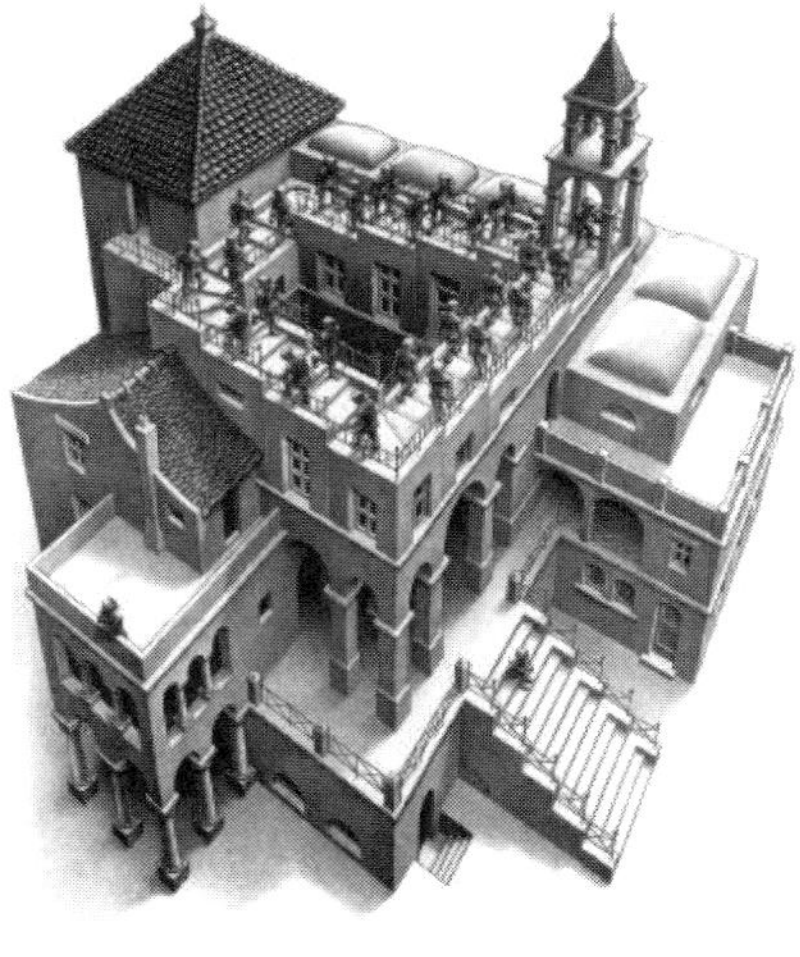

図2-14　エッシャー「上昇と下降」（M.C.Escher's "Ascending and Descending" ©2013 The M.C.Escher Company-The Netherlands. All rights reserved.www.mcescher.com）

この種のトリックアートは、３次元図形を表す部分をいくつかつくり、それらをなめらかにつなぐことによって作成可能です。

まずは次のように、立体でつくることが可能な絵を描きます（図２‐15）。

これを２×２に４分割して、並べ替えてみます（図２‐16）。

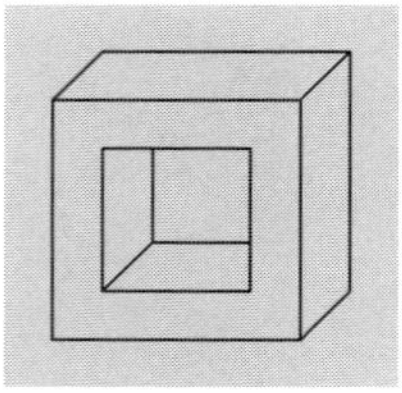

図 2-15　立体としてつくれる図形

図2-16　不可能図形に

これはもう、不可能図形です。

不可能図形をつくるというと大変なことのように感じられるかもしれませんが、３次元図形が2次元でどのように描かれているかを理解しておけば、意外とシンプルにつくることができます。トリックアートは、３次元を2次元で描くアートが、言わば次元を超えて遊ぶことによって生まれたものと言えるでしょう。

3 素数と暗号

「千夜一夜物語」と「1024バイト」

数に親しむと、数は一つ一つ個性的に見えます。

たとえば、1001。「アラビアンナイト」ともよばれるアラビア語の説話集はもともと、「千夜一夜物語」と言います。1001の夜の物語、という意味です。1001というと、なんだ、1000より1だけ多い数というだけではないか、と思われるかもしれません。しかし、1001は、7、11、13と三つの数を掛け合わせた数です。

7、11、13はいずれも**素数**とよばれる数です。素数とは、それ以上割り切れない数のことです。数学的にきちんと述べれば、「1と自分自身以外に正の約数をもたない2以上の自然数」ということになります。小さい順に素数をいくつか並べてみると、

2、3、5、7、11、13、17、19、23、29、31、37、41、43、47…

ということになります。

$$1001 = 7 \times 11 \times 13$$

1001は、最初の三つの素数では割り切れず、次の三つの素数で割り切れる数です。2の倍数や5の倍数は一目見てわかります。3の倍数も「各桁の数をすべて足したら3の倍数になる」という性質があるので見つけやすいものです。しかし、7の倍数、11の倍数、13の倍数（そしてこれらより大きい素数の倍数）にはそうした特徴はありません。1001はなかなか個性的です。

同様に1000に近い数では、最近は1024がよく使われます。コンピューターで扱われるデータの量の単位には、「バイト」「キロバイト（KB）」「メガバイト（MB）」「ギガバイト（GB）」「テラバイト（TB）」といったものがあります。普通、メートル法では、キロは1000、メガは1000の1000倍で100万、ギガはその1000倍で10億、テラはそのまた1000倍で1兆という意味です。ところが、1キロバイトは1024バイト、1メガバイトは1024キロバイトと、「○○バイト」に関しては1000でなく1024倍ごとに単位が上がっていきます。

では、1024は、どのような素数で割り切れるのでしょうか。1024を割り切る素数は、2のみです。1024は2の10乗（2を10回掛け合わせた数）であり、2以外の素数の倍数ではありません。

2の10乗である1024は、10の3乗である1000と、まあまあ近い数となっています。

コンピューターは0と1だけを組み合わせる二進法を使って計算をしていますので、十進法できりのよい1000より、2ばかりを掛け合わせた数（2の**累乗**）である1024のほうが、使い勝手がよいようです。

1001を7×11×13、1024を2の10乗というように、自然数を素数の積の形にすることは、**素因数分解**とよばれます。2以上の自然数で素数でないものは、**合成数**とよばれますが、どのような合成数も、ただ一通りの仕方で素因数分解できます（掛け算の順序は問いません）。

さまざまな自然数を、素因数分解した形で見てみましょう。

6は、2×3。
25は、5×5。つまり5^2。
28は、2×2×5。つまり2^2×5。
77は、7×11。
105は、3×5×7。
1001は、7×11×13。
1024は、2^{10}。

どうでしょう、それぞれの数が、個性的に見えてきませんか？

素数と背理法

数（自然数）を考えるときに重要な素数ですが、その歴史は大変古いものです。世界で初めて体系的に数学を記述した本は、ユークリッドによる『原論』という本です。この『原論』という本は、ギリシア時代、紀元前3世紀頃に出されたとされており、当時の数学の成果が体系的に書かれています。世界史上、『聖書』に次ぐベストセラーとも言われ、日本語訳も出ていて、大変分厚い事典のような感じの本です。なお、ユークリッドが個人の名かどうかは疑わしいようで、ユークリッドとよばれる集団がいたのではないかという説もあります。

図 3-1
『原論』（最初の英語版、1570 年）

素数の話は、この『原論』にも登場していますので、今から2000年以上前のギリシア時代の数学ではすでに扱われていたことがわかります。

素数は、2、3、5、7、11、13、17、

19、…といった数で、不規則に並んでいます。素数はいったいどれだけあるのでしょうか。ユークリッドの『原論』ではこの問題が扱われており、素数が無限にあることが証明されています。

無限、という概念は、なかなかに魅惑的です。1、2、3…と続く自然数が無限に、つまり限りなく存在するということは、直感的にもわかります。ですが、素数、すなわち1と自分自身以外に約数をもたない自然数が無限にある、ということは、直感的にはなかなかわかりません。「最後の素数」ならぬ「最大の素数」というものがあれば、見てみたい気もします。ですが、ユークリッドの時代にすでに、素数は無限にあることが証明されています。証明とは何か、ということも重要なテーマですが、これは4章で扱いましょう。

「無限にある」ということは、どうすれば証明できるのでしょうか。無限にあるという状況を具体的に示すことは、不可能です。『原論』も含め、素数が無限にあることの証明は、「**背理法**」という論法で行います。

「背理法」とは、次のような論法です。

(1) あることを仮定する。
(2) その仮定から矛盾が生じることを示す。

(3) したがって最初の仮定が間違っていたことが示される。

具体的に、素数が無限にあることの証明は、次のようになります。

(1) 素数が有限個しかないと仮定します。

素数の個数を n 個とすると、その素数は、a_1、a_2、…、a_n と表すことができます。

(2) 有限個の素数すべての積 $a_1 a_2 \cdots a_n$ をつくり、これを p とします。

p は、どの素数についても、その素数と残りの素数の積とを掛けたものですから、すべての素数の倍数ということになります。

では、$p+1$ という自然数はどのような数になるでしょうか。

$p+1$ は、どの素数で割っても、余りが1出てしまい、割り切れません。

これはおかしなことになりました。どの素数の倍数でもない2以上の自然数は、存在しないはずです。$p+1$ は最初の n 個とは別の素数自身か、最初の n 個とは別の素数いくつかの積ということになってしまいます。しかし、これでは、最初に素数が n 個だけあったという仮定と矛盾します。

(3) このように矛盾が生じたのですから、背理法により、素数が有限個しかないという最初の仮定が誤っていたことが示されました。よって、素数は無限にあることが証明されました。

なんだか納得できないと感じられるかもしれません。数学の証明は一般論になりがちなので、具体的に理解しづらいことが多いですね。

素数について具体的に考えるには、実際に手を動かして素数を探す作業をすることをおすすめします。素数を効率的に探す方法には、「エラストテネスのふるい」という方法があります。1、2、…と自然数を順に書いた表をつくり、次の手順で作業をしていきます。

(1) 1は素数かどうかの対象外なので、1に×をつける。
(2) ○も×もつけられていない最小の数はそれより小さい素数では割り切れないことになり、素数と判定されるので、○をつける。(最初は2に○)
(3) (2)で○をつけた数の2倍、3倍、…となる倍数で×がついていないものがあれば、×をつける。(2に○をつけた直後であれば、4、6、8、…に×をつける)
(4) (2)に戻って、表に○も×もついていない数がなくなるまで繰り返す。

学校の授業等で取り組むときはたいてい、1から100までの表で「エラストテネスのふるい」を行うのですが、100まででですとあっという間に終わってしまい、面白くありません。私としては、1から1000までの表をお奨めします。次のページの表3・1を拡大コピーしてお使いください。なお、×をつけるかわりに2の倍数は黄色、3の倍数は緑、5の倍数は紫等と、異なる色で塗ると間違えにくくなるように思います。

この表は、1行に30個ずつ数を並べてあります。30を素因数分解すると2×3×5ですから、2の倍数、3の倍数、5の倍数については、縦に一気に×をつけていくことができます。ところが、7の倍数からは格段に手間がかかるようになります。

7×2、7×3、…というように見ていきたくなりますが、7×2、7×4、7×6等はすでに2の倍数として×がつけられており、7×3は3の倍数、7×5は5の倍数として×がつけられていますから、7の倍数として×がつけられるところは7×7すなわち49からということになります。その後も、7×11、7×13、7×17等に×をつけていきます。同様に、11の倍数、13の倍数と進むのですが、×がついていない倍数はあまり多くはありません。慣れてくるとわかりますが、ある素数に○をつけたら、その素数の倍数としてはその素数の2乗から始めれば十分です。結局、1000までの表では、31に○をつけ、31の2乗すなわち961に×をつけると、表のすべての数に○か×がつけられたことになります。

1	2	3	4	5	6	7	8	9	10	11	12	13	14	15	16	17	18	19	20	21	22	23	24	25	26	27	28	29	30
31	32	33	34	35	36	37	38	39	40	41	42	43	44	45	46	47	48	49	50	51	52	53	54	55	56	57	58	59	60
61	62	63	64	65	66	67	68	69	70	71	72	73	74	75	76	77	78	79	80	81	82	83	84	85	86	87	88	89	90
91	92	93	94	95	96	97	98	99	100	101	102	103	104	105	106	107	108	109	110	111	112	113	114	115	116	117	118	119	120
121	122	123	124	125	126	127	128	129	130	131	132	133	134	135	136	137	138	139	140	141	142	143	144	145	146	147	148	149	150
151	152	153	154	155	156	157	158	159	160	161	162	163	164	165	166	167	168	169	170	171	172	173	174	175	176	177	178	179	180
181	182	183	184	185	186	187	188	189	190	191	192	193	194	195	196	197	198	199	200	201	202	203	204	205	206	207	208	209	210
211	212	213	214	215	216	217	218	219	220	221	222	223	224	225	226	227	228	229	230	231	232	233	234	235	236	237	238	239	240
241	242	243	244	245	246	247	248	249	250	251	252	253	254	255	256	257	258	259	260	261	262	263	264	265	266	267	268	269	270
271	272	273	274	275	276	277	278	279	280	281	282	283	284	285	286	287	288	289	290	291	292	293	294	295	296	297	298	299	300
301	302	303	304	305	306	307	308	309	310	311	312	313	314	315	316	317	318	319	320	321	322	323	324	325	326	327	328	329	330
331	332	333	334	335	336	337	338	339	340	341	342	343	344	345	346	347	348	349	350	351	352	353	354	355	356	357	358	359	360
361	362	363	364	365	366	367	368	369	370	371	372	373	374	375	376	377	378	379	380	381	382	383	384	385	386	387	388	389	390
391	392	393	394	395	396	397	398	399	400	401	402	403	404	405	406	407	408	409	410	411	412	413	414	415	416	417	418	419	420
421	422	423	424	425	426	427	428	429	430	431	432	433	434	435	436	437	438	439	440	441	442	443	444	445	446	447	448	449	450
451	452	453	454	455	456	457	458	459	460	461	462	463	464	465	466	467	468	469	470	471	472	473	474	475	476	477	478	479	480
481	482	483	484	485	486	487	488	489	490	491	492	493	494	495	496	497	498	499	500	501	502	503	504	505	506	507	508	509	510
511	512	513	514	515	516	517	518	519	520	521	522	523	524	525	526	527	528	529	530	531	532	533	534	535	536	537	538	539	540
541	542	543	544	545	546	547	548	549	550	551	552	553	554	555	556	557	558	559	560	561	562	563	564	565	566	567	568	569	570
571	572	573	574	575	576	577	578	579	580	581	582	583	584	585	586	587	588	589	590	591	592	593	594	595	596	597	598	599	600
601	602	603	604	605	606	607	608	609	610	611	612	613	614	615	616	617	618	619	620	621	622	623	624	625	626	627	628	629	630
631	632	633	634	635	636	637	638	639	640	641	642	643	644	645	646	647	648	649	650	651	652	653	654	655	656	657	658	659	660
661	662	663	664	665	666	667	668	669	670	671	672	673	674	675	676	677	678	679	680	681	682	683	684	685	686	687	688	689	690
691	692	693	694	695	696	697	698	699	700	701	702	703	704	705	706	707	708	709	710	711	712	713	714	715	716	717	718	719	720
721	722	723	724	725	726	727	728	729	730	731	732	733	734	735	736	737	738	739	740	741	742	743	744	745	746	747	748	749	750
751	752	753	754	755	756	757	758	759	760	761	762	763	764	765	766	767	768	769	770	771	772	773	774	775	776	777	778	779	780
781	782	783	784	785	786	787	788	789	790	791	792	793	794	795	796	797	798	799	800	801	802	803	804	805	806	807	808	809	810
811	812	813	814	815	816	817	818	819	820	821	822	823	824	825	826	827	828	829	830	831	832	833	834	835	836	837	838	839	840
841	842	843	844	845	846	847	848	849	850	851	852	853	854	855	856	857	858	859	860	861	862	863	864	865	866	867	868	869	870
871	872	873	874	875	876	877	878	879	880	881	882	883	884	885	886	887	888	889	890	891	892	893	894	895	896	897	898	899	900
901	902	903	904	905	906	907	908	909	910	911	912	913	914	915	916	917	918	919	920	921	922	923	924	925	926	927	928	929	930
931	932	933	934	935	936	937	938	939	940	941	942	943	944	945	946	947	948	949	950	951	952	953	954	955	956	957	958	959	960
961	962	963	964	965	966	967	968	969	970	971	972	973	974	975	976	977	978	979	980	981	982	983	984	985	986	987	988	989	990
991	992	993	994	995	996	997	998	999	1000																				

表3-1　1000までの「エラストテネスのふるい」用紙

1	2	3	4	5	6	7	8	9	10	11	12	13	14	15	16	17	18	19	20	21	22	23	24	25	26	27	28	29	30
31	32	33	34	35	36	37	38	39	40	41	42	43	44	45	46	47	48	49	50	51	52	53	54	55	56	57	58	59	60
61	62	63	64	65	66	67	68	69	70	71	72	73	74	75	76	77	78	79	80	81	82	83	84	85	86	87	88	89	90
91	92	93	94	95	96	97	98	99	100	101	102	103	104	105	106	107	108	109	110	111	112	113	114	115	116	117	118	119	120
121	122	123	124	125	126	127	128	129	130	131	132	133	134	135	136	137	138	139	140	141	142	143	144	145	146	147	148	149	150
151	152	153	154	155	156	157	158	159	160	161	162	163	164	165	166	167	168	169	170	171	172	173	174	175	176	177	178	179	180
181	182	183	184	185	186	187	188	189	190	191	192	193	194	195	196	197	198	199	200	201	202	203	204	205	206	207	208	209	210
211	212	213	214	215	216	217	218	219	220	221	222	223	224	225	226	227	228	229	230	231	232	233	234	235	236	237	238	239	240
241	242	243	244	245	246	247	248	249	250	251	252	253	254	255	256	257	258	259	260	261	262	263	264	265	266	267	268	269	270
271	272	273	274	275	276	277	278	279	280	281	282	283	284	285	286	287	288	289	290	291	292	293	294	295	296	297	298	299	300
301	302	303	304	305	306	307	308	309	310	311	312	313	314	315	316	317	318	319	320	321	322	323	324	325	326	327	328	329	330
331	332	333	334	335	336	337	338	339	340	341	342	343	344	345	346	347	348	349	350	351	352	353	354	355	356	357	358	359	360
361	362	363	364	365	366	367	368	369	370	371	372	373	374	375	376	377	378	379	380	381	382	383	384	385	386	387	388	389	390
391	392	393	394	395	396	397	398	399	400	401	402	403	404	405	406	407	408	409	410	411	412	413	414	415	416	417	418	419	420
421	422	423	424	425	426	427	428	429	430	431	432	433	434	435	436	437	438	439	440	441	442	443	444	445	446	447	448	449	450
451	452	453	454	455	456	457	458	459	460	461	462	463	464	465	466	467	468	469	470	471	472	473	474	475	476	477	478	479	480
481	482	483	484	485	486	487	488	489	490	491	492	493	494	495	496	497	498	499	500	501	502	503	504	505	506	507	508	509	510
511	512	513	514	515	516	517	518	519	520	521	522	523	524	525	526	527	528	529	530	531	532	533	534	535	536	537	538	539	540
541	542	543	544	545	546	547	548	549	550	551	552	553	554	555	556	557	558	559	560	561	562	563	564	565	566	567	568	569	570
571	572	573	574	575	576	577	578	579	580	581	582	583	584	585	586	587	588	589	590	591	592	593	594	595	596	597	598	599	600
601	602	603	604	605	606	607	608	609	610	611	612	613	614	615	616	617	618	619	620	621	622	623	624	625	626	627	628	629	630
631	632	633	634	635	636	637	638	639	640	641	642	643	644	645	646	647	648	649	650	651	652	653	654	655	656	657	658	659	660
661	662	663	664	665	666	667	668	669	670	671	672	673	674	675	676	677	678	679	680	681	682	683	684	685	686	687	688	689	690
691	692	693	694	695	696	697	698	699	700	701	702	703	704	705	706	707	708	709	710	711	712	713	714	715	716	717	718	719	720
721	722	723	724	725	726	727	728	729	730	731	732	733	734	735	736	737	738	739	740	741	742	743	744	745	746	747	748	749	750
751	752	753	754	755	756	757	758	759	760	761	762	763	764	765	766	767	768	769	770	771	772	773	774	775	776	777	778	779	780
781	782	783	784	785	786	787	788	789	790	791	792	793	794	795	796	797	798	799	800	801	802	803	804	805	806	807	808	809	810
811	812	813	814	815	816	817	818	819	820	821	822	823	824	825	826	827	828	829	830	831	832	833	834	835	836	837	838	839	840
841	842	843	844	845	846	847	848	849	850	851	852	853	854	855	856	857	858	859	860	861	862	863	864	865	866	867	868	869	870
871	872	873	874	875	876	877	878	879	880	881	882	883	884	885	886	887	888	889	890	891	892	893	894	895	896	897	898	899	900
901	902	903	904	905	906	907	908	909	910	911	912	913	914	915	916	917	918	919	920	921	922	923	924	925	926	927	928	929	930
931	932	933	934	935	936	937	938	939	940	941	942	943	944	945	946	947	948	949	950	951	952	953	954	955	956	957	958	959	960
961	962	963	964	965	966	967	968	969	970	971	972	973	974	975	976	977	978	979	980	981	982	983	984	985	986	987	988	989	990
991	992	993	994	995	996	997	998	999	1000																				

表3-2　1000までの「エラストテネスのふるい（作業をした結果）」

前のページに私が作業した結果を載せておきます（表３-２）。こうした作業をすると、一つ一つの数が実に個性的に見え、いとおしくすら感じられます。たとえば、最後のほうで×をつけた８９９という数はパッと見て素数の積には見えませんでしたが、29×31でほぼ30×30＝９００なのだと思うと、なるほどと思います。29×31を（30－1）×(30＋1）と表せば、30^2-1であることにもうなずける等と考えてしまいます。

こうした作業をすれば、先ほどの証明でやっていたことが納得しやすいと思います。いくつかの素数に○をつけ、それらの倍数に×をつけていくと、そこまでの素数すべての積のところには当然すでに×がついていて、そして、その次の数のところには○も×もついていない状態になっているはずです。とすれば、まだ別の素数があるはずで、どこまでいっても同様です。結局、有限個の素数すべてに○がつき、ほかの数にはすべて×がついている、等という状況にはいつまでたってもたどりつけません。

「エラストテネスのふるい」に○や×をつけていく作業をしていると、どうも自分が機械になったような感覚になります。一定のルールで計算等を進めていく手順は、**「アルゴリズム」**とよばれます。数学の活動には、アルゴリズムに従って作業をすることがあります。機械みたいでつまらないと思われるかもしれませんが、やってみるとけっこう「はまる」感じがあるはずです。人間は、ある程度まではアルゴリズムを快と感じることができるようです。

素数と暗号技術

しかし、趣味で素数を探すことがたとえ楽しいとしても、素数なんて社会で何の役にも立たないのではないか、と思われるかもしれません。

本書は「社会とつながる数学」を目指していますが、本来、数学は、社会で直接何かの役に立てるための学問とは考えられません。むしろ、基本的には社会の中で役に立つかどうか等関係なく研究されてきた学問だと言えます。実際、素数は整数を扱う数論という数学のジャンルでは基本となるものではあっても、素数が直接的に社会で活用されることはあまりありませんでした。

しかし、素数も含め、数学の成果は意外な形で社会で役に立てられている、とも言えます。たとえば素数は、現代の暗号技術に活用されています。現代は情報社会。電子メール等でさまざまな情報を送ることができ、大変便利な社会です。

しかし、この情報社会で心配なのが、セキュリティーです。秘密のメールを送ったつもりでも、送り先を間違えたり、メールのパスワードを知られてしまったり、あるいはもっと高度な技術が使われたりして、メールの内容が第三者に漏れてしまう恐れがあります。そこで、秘密の情報を送るときには、メール自体や添付ファイルを暗号にして送付することになります。

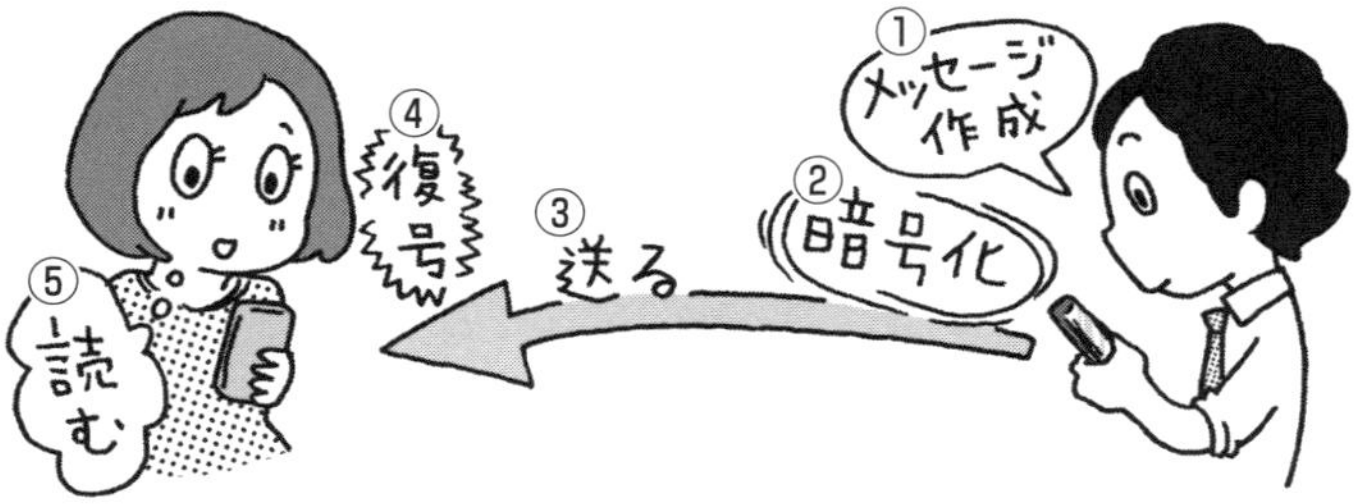

暗号とは一般に、次のように使われます。

(1)送り手がメッセージを作成する。
(2)送り手側でメッセージを一定のルールで変換する（**暗号化**）。
(3)変換されたメッセージが受け手に送られる。
(4)受け手側で変換されたメッセージをもとに戻す（**復号**）。
(5)受け手が元のメッセージを読む。

しかし、この仮定には深刻な困難があります。それは、(4)で受け手がメッセージを戻す方法（復号の方法）を知っている必要がある、ということです。

推理小説等で、死者がダイイングメッセージを残していることがあります。多くの場合、これも暗号となっています。死者がメッセージを暗号化せずに残してしまえば、犯人が気付いて消してしまう可能性が高いので、死者は元のメッセージがわからないように暗号化してダイイングメッセージを残すわけです。多くの場合、探偵や刑事は復号の方法を知りませんから、なかなか元のメッセージに戻すことができず、苦労することとなります。

受け手が復号の方法を知らなければ、受け手は途方に暮れる探偵や刑事のように困ってしまい、スムーズに暗号によるコミュニケーションは成立しません。受け手は復号の方法を知っていなければなりません。

暗号では、送り手と受け手が、復号の方法（たとえば文書のパスワード）をどのように共有するかが問題となります。あらかじめ秘密に会って復号の方法を共有できればよいのでしょうが、そうできない場合が大半でしょう。復号の方法をメールで送れば、今度はそのメールのセキュリティーが問題となります。比喩的に言えば、秘密の情報に鍵をかけて送るとき、その鍵をどのように渡すか、という問題です。

この問題の解決に、素数が貢献しています。具体的には、素因数分解が非常に難しい場合があるという数の性質が、暗号に利用されています。どういうことかを考えるために、まず次の六つの数を素因数分解してみてください。電卓、パソコン等を使ってかまいません。

(1)　4864

(2)　10080

(3)　1001
(4)　493
(5)　2231
(6)　146957

正解は、以下の通りです。
(1) $2^8 \times 19$、(2) $2^2 \times 3^2 \times 5 \times 7$、(3) $7 \times 11 \times 13$、(4) 17×29、(5) 23×97、(6) 223×659
(4)から(6)は簡単には素因数分解できなかったはずです。素因数分解をするためには、小さい素数から順々に割り切れるかどうかを試す必要がありますが、(4)では17、(5)では23で初めて割り切れ、(6)に至っては223で割って初めて割り切れるのですから。(せめてもの助けにと、先ほど1000までの素数がわかる表を載せていたのですが…。)ただし、大きい素数をいくつか知っていれば、(4)から(6)のような問題をつくるのは、とても簡単です。
想像してみてください。何十桁もの素数どうし二つを掛け、それを素因数分解せよ等と言われたら、時間がいくらあっても足りません。高性能のコンピューターを使っても、何日も何週間もかかる問題が、原理的にはつくれます。

以下、話をわかりやすくするために、物語風にして、かなり小さい数を使って例を示します。

私は探偵X。ボスYの司令でとある組織Zに潜入している。私とボスとの間では秘密のメールでメッセージのやりとりをしているが、このメッセージは組織Zに読まれているかもしれない。

私は潜入捜査の中で組織Zの重大な秘密を突き止め、安全な場所に身を隠しつつ、ボスのための報告文書を作成した。ボスからは

「報告文書には400未満の3桁の数をパスワードとして、文書を送信しろ。もちろん、文書を開く際に間違ったパスワードが入力されたら、文書の内容が消えるようにしておけ」

という指示がきた。私は指示通りに、文書にパスワードをかけて送信した。パスワードは「123」とした。

ボスからメールが届いた。

「ファイルは無事届いた。パスワードは暗号化して送信しろ。暗号化の手順は次のとおりだ。

(1) パスワードを3乗せよ。

(2) その数を493で割った余りを出せ」

私はボスの指示に従って、パスワードを暗号化した。パソコンの表計算ソフト「エクセル」を使えば、計算は容易だ。１２３の3乗は「=123^3」という式で求められる。計算すると、１８６０８６７である。これを４９３で割った余りは、エクセルの関数を使って、「=mod(1860867, 493)」で求められる。余りは２８５とわかった。ボスにはこの数値を伝えた。これで私の役割は終わった。当分は誰とも接触せず、身を隠してすべてが終わるのを待とう…。

その頃、組織Zでは、私とボスとのやりとりがすべて傍受され、メールの内容がすべて明らかになっていた。

「ともかく、報告文書の内容を知る必要がある。パスワードを解明して、報告文書を開くのだ。パスワードをつくる手順がわかっているのだから、パスワードを解明することができるだろう」

「しかし、余りから元の数を求めることはできません。４９３で割って２８５余る数は、無数にあります」

「その中で、何かを3乗してできる数を探せばいいだろう」

「では、一つずつ試してみます。しかし、時間がかかりそうです」

そうこうしているうちにボスYはパスワードを解明し、報告文書を開いて、組織Zに決定的な打撃を与える準備を完了していた…。

数値が小さいので、組織Zが頑張ればパスワードを解明できそうですが、余りから元の数を求めることは基本的に不可能ですから、数値が大きくなるとパスワードの解明は困難になります。つまり、明らかになっている**「公開鍵」**だけでは、暗号が解けないわけです。

しかし、ボスYの側では、一定の計算をしてパスワードを解明することが可能です。というのは、ボスの側には、「公開鍵」だけでなく、探偵Xに伝えていない**「秘密鍵」**があり、ボスはこの「秘密鍵」を使って暗号を解いているのです。

先ほどの物語では、秘密鍵は897でした。ボスYは、この秘密鍵897と、公開鍵となっている493および3を使い、暗号を解くことができます。具体的には、暗号を(897÷3)乗し、それを493で割った余りを出すと、元の暗号が出てきます。実際に計算するときには285の299乗を出すのは大変なので、表計算ソフトでは「285を掛けて493で割った余りを出す」という計算を299回繰り返すことになります。少し手間がかかりますが、実際には短時間で計算することができます。

以上が、RSA暗号の概要です。では、このRSA暗号のどこに素数の性質が使われているのでしょうか。それは、公開鍵や秘密鍵を決定する手順を見るとわかります。

先ほどの物語の場合、公開鍵や秘密鍵は55ページに掲載した手順で決められていました。さすがに暗号だけあって手順が複雑なのですが、重要なことは、最初に二つの素数を定め

n	n乗 ÷493 の余り
1	285
2	373
3	310
4	103
5	268
6	458
7	378
8	256
9	489
10	339
⋮	⋮
291	480
292	239
293	81
294	407
295	140
296	460
297	455
298	16
299	123

表3-3　ボスが行った計算

ているところです。そして、この二つの素数の積が公開鍵の一つとなっています。ということは、公開鍵の一つを素因数分解できれば、この手順をたどりなおすことが可能となり、秘密鍵をつきとめることができてしまうのです。

しかし、４９３を素因数分解することは少々大変です。そして、最初からもっと大きい素数を使って公開鍵をつくれば、素因数分解にはコンピューターを使っても膨大な時間が必要となります。このように、大きな数の素因数分解には時間がかかる場合があるということが、ＲＳＡ暗号技術で活用されているのです。

素数という概念ができてから少なくとも二千数百年が経過していますが、情報技術が進んだ現代になってはじめて、大きな素数どうしの積を素因数分解することが非常に難しいという素数に関する数の性質が、暗号技術に使われることとなりました。二千数百年の時をかけて、素数（のある側面）が社会とつながったのです。

公開鍵・秘密数決定の手順

(1) ある程度大きな素数を 2 つ決めます (p,q とします)。ここでは小さいですがわかりやすくするために $p = 17$、$q = 29$ としましょう。

(2) $a = pq$、$c = n(p-1)(q-1)+1$ をそれぞれ計算します。ただし、この段階では $n = 1$ とします。ここでは、$a = 17 \times 29 = 493$、$c = 16 \times 28 + 1 = 449$ となります。

(3) c の約数で 1 でも c でもないものを 1 つ決めます (b とする)。うまく約数が見つからないときには、n を 2, 3, ... と変更して約数が見つかる n に変更します。ここでは 449 が素数なので、$n = 2$ とし、$c = 2 \times 17 \times 29 + 1 = 897$ とします。これは 3 の倍数なので、$b = 3$ とします。

(4) a および b が公開鍵となります。この場合には、$a = 493$、$b = 3$ となります。また、c が秘密鍵となります。この場合には $c = 897$ となります。

4

証明の起源から3D技術まで

エレガントな証明、しらみつぶし型の証明

数学には、証明がつきものです。数学では、原則として、証明されたことがらだけが、正しいとみなされます。数学の研究者は、さまざまなことがらについて、厳密に証明することを試みます。

当たり前に思えることについても、数学では証明が求められます。

たとえば、「二等辺三角形の二つの底角は等しい」ということがらを考えましょう。いろいろと二等辺三角形を思い浮かべてみれば、二つの角が等しいのは当然のようにも思えます（図4-1）。

このように当然に思えることについても、数学では証明が必要です。

たとえば、二等辺三角形をまっ二つに分けるような補助線を引いて、図4-2のように証明することが可能です。

図4-1　いろいろな二等辺三角形

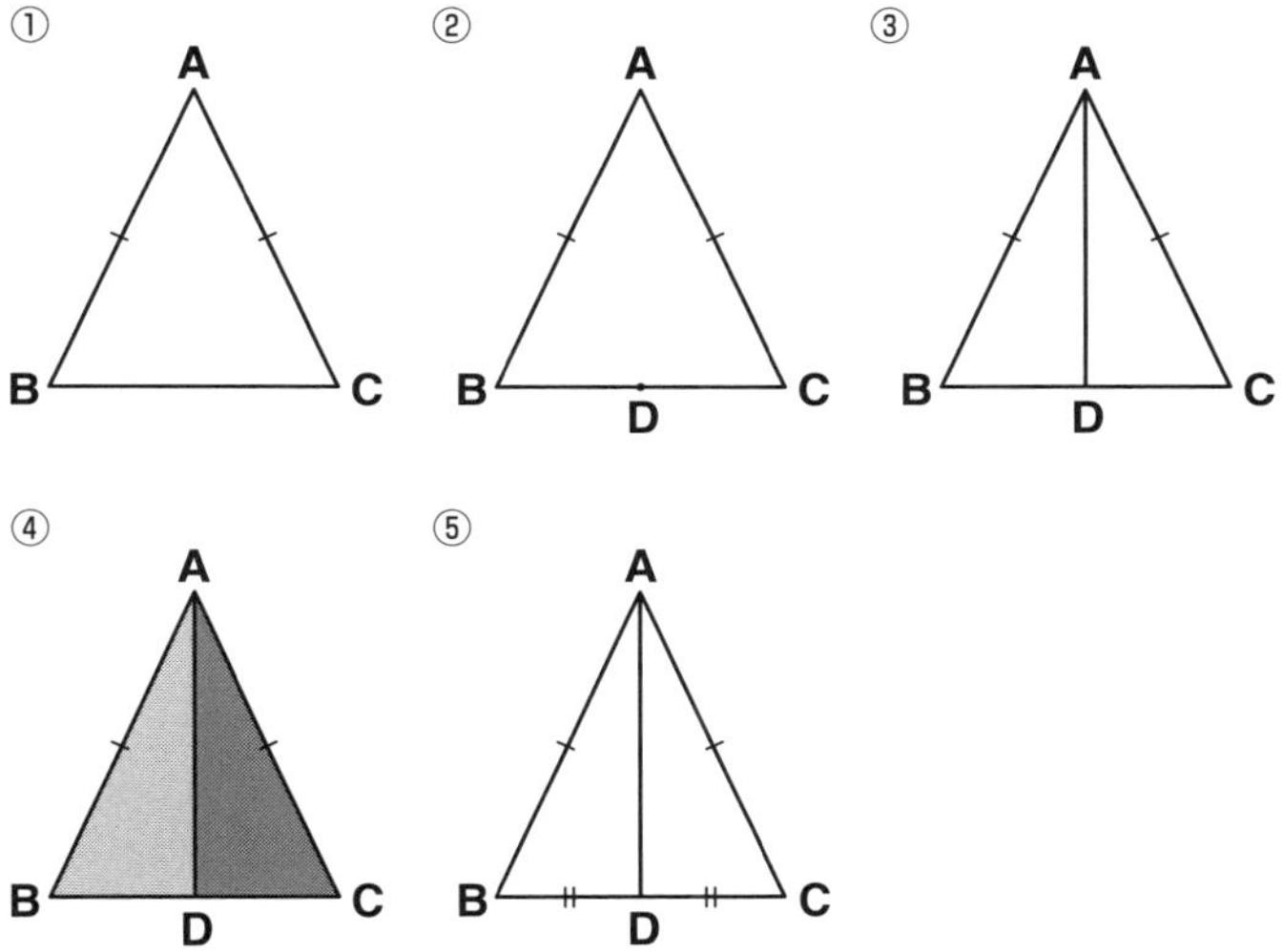

① **AB＝AC となる二等辺三角形がある。**

② **底辺 BC の中点を D とする。**

③ **AD を直線で結ぶ。**

④ **三角形 ABD と三角形 ACD に注目。**

⑤ **三角形 ABD と三角形 ACD の対応する三辺がすべて等しいことを確認。**

⑥ **三辺が等しいことから、三角形 ABD と三角形 ACD は合同。**

⑦ **このため、対応する角 B と角 C は等しい。**

図4-2　「二等辺三角形の二つの底角は等しい」ことの証明

「二等辺三角形の二つの底角は等しい」ということを証明するだけでも、こうした手順が必要です。証明というのは面倒だなあと思われるかもしれません。

証明が面倒なのは、どれだけ批判的に見られても、明快に答えられるようにしているから、と考えられます。

先ほどの証明を批判的に見てみましょう。

たとえば、そもそも二等辺三角形とは何であったでしょうか。これは、「二等辺三角形」という語をどのような意味で用いるかという、**定義**の問題です。一般に「二等辺三角形」は「二辺が等しい三角形」と定義されており、先ほどの証明でもこの定義に従ったことになります。

また、先ほどの証明では、三辺がそれぞれ等しい三角形は合同であるということを利用していました。これは、「三角形の合同条件」とよばれる次の**定理**を使っていることになります。

二つの三角形において、以下のいずれかが成立するとき、それらは合同である。

- 三辺がそれぞれ等しい。
- 二辺とその間の角がそれぞれ等しい。
- 一辺とその両側の角がそれぞれ等しい。

定理は、すでに証明されているものです。ですから、先ほどの証明が成立するためには、三角形の合同条件がすでに証明されていなければなりません。

このように証明は、定義や定理等、あらかじめ定められたことやすでに証明されたことを用いて行うことが一般的です。

さて、「二等辺三角形の二つの底角は等しい」ことの証明で先ほどは補助線を引きましたが、補助線なしで証明することはできないでしょうか。図４‐３のようにすれば、補助線なしで、証明することが可能です。

この証明では、一つの三角形を二つの別の三角形と見て、三角形の合同条件を用いています。理解しにくいとも言えますが、理解できれば、「余分な線もなく、美しい！」と感じられるかもしれません。

これまでの数学の歴史の中では、このように余分なものがなく美しく感じられる証明が、「エレガントな証明」として賞賛されてきました。数学には、数や図形の神秘的な美しい性質を追求するという面があり、こうした証明が求められてきたと言えるでしょう。

しかし、近年は異なる状況が見られるようになってきました。エレガントな証明が難しい問題について、言わば力ずくで、あらゆる場合をしらみつぶしにあたる証明が注目されるようになっています。

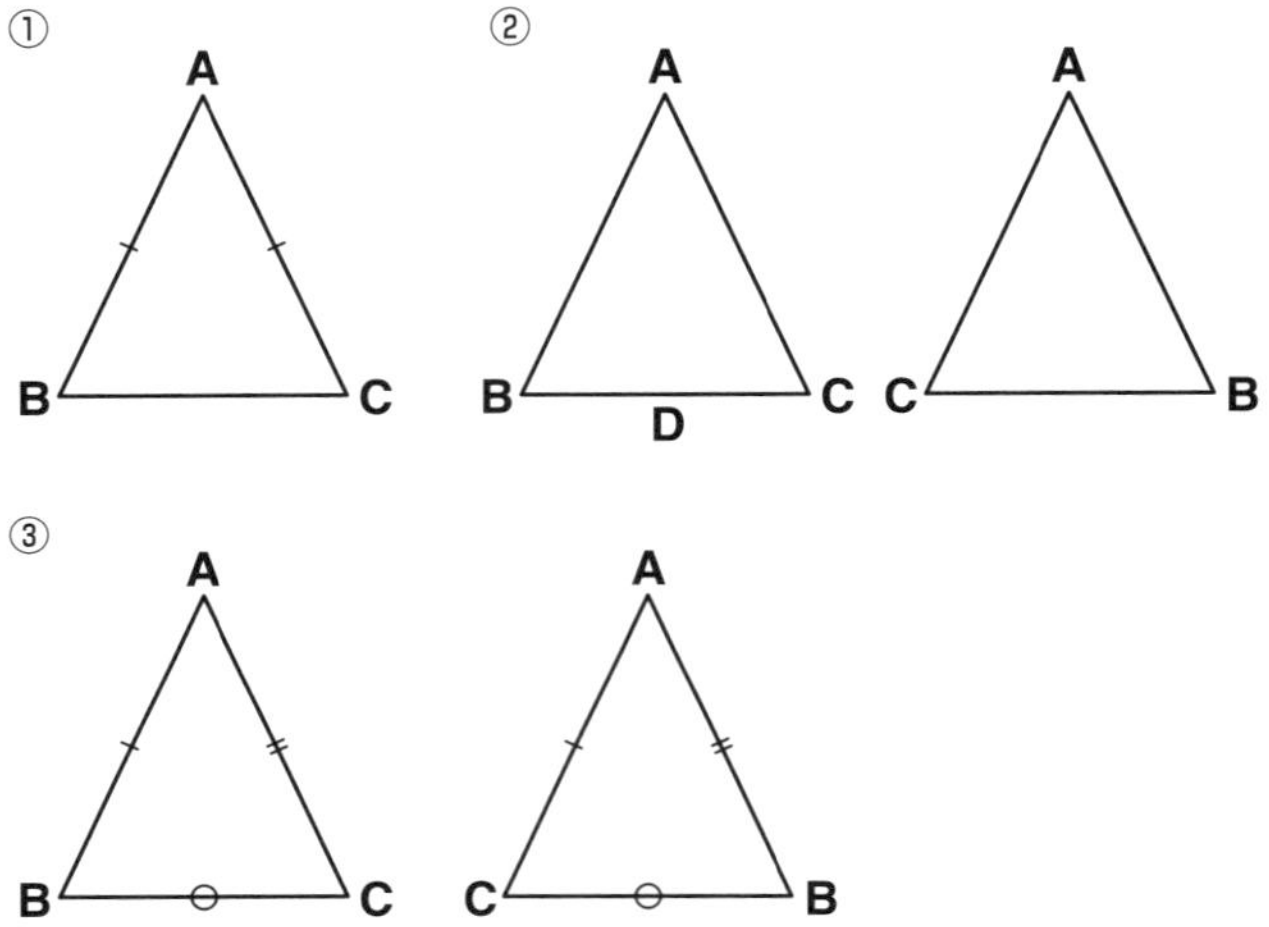

① **AB＝AC** となる二等辺三角形がある。

② 三角形 **ABC** と三角形 **ACB** を別の三角形と考え、
これらに注目。

③ 三角形 **ABC** と三角形 **ACB** では、**AB＝AC**、
AC＝AB、**BC＝CB** となり、三辺がすべて等しい。

④ 三辺が等しいことから、三角形 **ABD** と三角形 **ACD** は合同。

⑤ このため、対応する角 **B** と角 **C** は等しい。

図4-3　エレガントな証明の例

たとえば、ルービックキューブという、立方体状のブロックを回転させて各面に同じ色を並べるゲームがあります。2010年、ある研究チームが、ルービックキューブはどんな状態にあっても、20手以内で解ける（各面を同じ色にできる）ということを証明したと報じられました。ルービックキューブの面の状態は4325京（けい、兆の1万倍）通り以上あるのですが、研究チームはそれら膨大な状態について一つ一つ、20手以内で解けることを確認したとのことです（厳密には、状態を分類し、分類ごとに確認したようです）。

ほんの少し前まで、これほど膨大な数の場合について、すべて検証するという証明方法は、実現不可能でした。しかし、コンピューターの処理速度が飛躍的に向上し、情報技術が進んだ結果、このような証明が可能になりました。しかし、この証明の過程をコンピューターを使わずにたどることは不可能であり、このような証明が妥当であることをどのように保証するのかは深刻な問題となっています。少なくとも、このようなしらみつぶしの証明は、エレガントとは言いがたいものです。巨大な象（エレファント）のようだという意味で、「**エレファントな証明**」とも言われます。

同様のしらみつぶし型証明は、長く未解決問題とされてきた「四色定理」の証明にも見られます。「四色定理」とは、「飛び地のない平面地図で、隣り合った地域に別の色を塗るとき、どんな地図でも四色以下の色で塗り分けることができる」というもので、19世紀以降、数学者が証明を試みてもなかなか証明できなかったものです。約百年の時を経て、1976年に、アッペルとハーケンという2人の研究者が、コンピュータを用いてこの定理を証明したとされています。彼らの証明は、当時の最速コンピュータを1200時間以上も動かして、あらゆる場合について確かめたものだそうです。

「四色定理」は、証明を考えなければ大変エレガントな定理に見えます。千葉県の市町村を示した白地図を載せますので、実際にやや複雑な地図の色分け作業をやってみてください（図4-4）。どこから色を決めていっても、最後まで気持ちよく四

図4-4　千葉県の地図——最低何色で塗り分けられるでしょう？

色で塗り分けられることが実感できるはずです。このようにエレガントに見える定理が、エレガントに証明できないというのは、なんとも残念に感じられます。

もしかしたら、数学の研究においてエレガントに証明できることは証明され尽くされつつあり、今後はコンピューターを駆使したしらみつぶし型の証明を目指すしかなくなるのかもしれません。研究の進展と情報技術の進歩が、数学のあり方を大きく変えつつあることが感じられます。

証明の起源とユークリッド

そもそも、数学における証明は、いつ頃、どのように発明されたものなのでしょうか。

証明の起源は、古代ギリシアの哲学者、タレス（ターレス、タレースとも表記されます）であるという説があります。タレスより前に、エジプト文明において測量技術が発展し、三角形等の図形の性質が明らかにされていたようですが、タレスはそうしたエジプト文明の成果を知り、次のような数学的な課題について証明を行ったようです。

・二直線が交わるとき、対頂角は等しい。
・二等辺三角形の二つの底角は等しい。

・円は直径によって二等分される。
・一辺とその両端の角が等しいとき、二つの三角形は合同である。
・一辺が外接円の直径に一致するものは直角三角形である（ターレスの定理）。

当時のタレスの説明は、現在の数学の証明ほど厳密なものではなく、誰もが納得できるように説明しようとする程度のものであったと言われています。

その後、「三平方の定理」等で知られるピタゴラス等が数学の研究を進めますが、証明について現在にも通じる厳密な体系を打ち立てたのは、3章でも登場したユークリッドです。ユークリッドはギリシア時代の哲学者と言われていますが、3章でも述べたようにその素顔は不明で、ユークリッドという人は実在せず、研究グループのペンネームのようなものではないかとも言われています。書籍『原論』では、それまでの数学の研究成果が体系化されています。

『原論』は、まず定義、公準、公理を定め、これらから数や図形についてのさまざまな知見を導き出しています。現代の視点から見ても、見事に整った、体系的な書物です。

定義とは、用語の意味や基本的なあり方を定めたものです。具体的には、定義として以下が定められています。

・点とは部分をもたないものである。
・線とは幅のない長さである。
・線の端は点である。
・直線とはその上にある点について一様に横たわる線である。
・面とは長さと幅のみをもつものである。
・面の端は線である。
・平面とはその上にある直線について一様に横たわる面である。
・平面角とは平面上にあって互いに交わりかつ一直線をなすことのない二つの線相互の傾きである。
・角をはさむ線が直線であるときその角は直線角とよばれる。
・直線が直線の上に立てられて接角を互いに等しくするとき、等しい角の双方は直角であり、上に立つ直線はその下の垂線に対して垂線とよばれる。

これらの定義には、苦労の跡がうかがわれます。「部分をもたないもの」「一様に横たわる線」といった表現が十分に厳密な表現と言えるかは、議論が分かれるでしょう。そもそも、語の意味を語を使って定義すれば、使われている語の定義が問題となり、どこかで定義を循環させるしかなくなります。以下の例を見てください。

・国語事典で「南」を調べると、「太陽の出る方に向かって右の方角」と記される。
・ここで使われていた「右」を調べると、「東に向いたとき南にあたる方」と記される。

定義を突き詰めていけば、この「右 - 南問題」とでも言うべき問題から逃れることはできません。それでも、ユークリッドは『原論』全体の土台として求められる定義を、見事に工夫したと考えてよいでしょう。ただし、現代数学ではこのような定義の危うさは避けられ、点や直線等を定義せず、公理（次に述べます）を満たすものが点や直線なのだと考える「公理主義」の考え方がとられるようになっています。

『原論』では、定義以外に、公準と公理が定められています（図4 - 5）。公準は「要請」、公理は「共通概念」等ともよばれますが、現代的にはともに公理とよばれるべきものであり、証明抜きで正しいことを認めようというものです。

『原論』が定めた公準では、「任意の一点からほかの一点に対して直線を引くこと」「有限の直線を連続的にまっすぐ延長すること」等ができると定められています。また、公理としては、「同じものと等しいものは互いに等しい」「同じものに同じものを加えた場合、その合計は等

[公準]

1. 任意の 1 点からほかの 1 点に対して直線を引くこと

2. 有限の直線を連続的にまっすぐ延長すること

3. 任意の中心と半径で円を描くこと

4. すべての直角は互いに等しいこと

5. 直線が 2 直線と交わるとき、同じ側の内角の和が 2 直角より小さい場合、その 2 直線が限りなく延長されたとき、内角の和が 2 直角より小さい側で交わる

[公理]

1. 同じものと等しいものは互いに等しい

2. 同じものに同じものを加えた場合、その合計は等しい

3. 同じものから同じものを引いた場合、残りは等しい

4. 互いに重なり合うものは、互いに等しい

5. 全体は、部分より大きい

図4-5　ユークリッド『原論』における公理、公準

しい」等が定められています。なるほど、これくらいのことは証明しなくてよいと認めておいても、よさそうに思われます。

ただし、『原論』の公準・公理の中で一つだけ、なぜこんなものが入っているのだろうと疑問を抱かせるものがあります。それは、以下の「第5公準」です。

直線が二直線と交わるとき、同じ側の内角の和が二直角より小さい場合、その二直線が限りなく延長されたとき、内角の和が二直角より小さい側で交わる。

これも正しいことを疑わせるものではないのですが、ほかの公準・公理と比較すると複雑で、公準に並べることに違和感を覚えざるをえません。この第5公準をほかの公準・公理から導くことができるのではないかという問題を数学者たちは議論してきましたが、19世紀にはほかの公準・公理からこの第5公準を導くことはできないということ、そしてこの第5公準を用いない「非ユークリッド幾何学」が可能であることが、明らかになっています。言い方を変えれば、『原論』の体系においては第5公準を証明不要の公準として示すことが必要であったことが、19世紀になって明らかになったこととなります。紀元前3世紀の『原論』が、数学の体系をいかに見事に構築していたのかを考えると、感慨深いものがあります。

三角形の合同条件と3D技術

ギリシアのタレスが証明していたとされる三角形の合同条件は、ユークリッド『原論』においても重要な位置を占めています。日本では中学校で学ぶ合同条件には、二千数百年の歴史があるわけです。

この三角形の合同条件は、昔も今も、さまざまに応用されています。

タレスの時代には、直接測ることのできない距離を測定することに、三角形の合同条件が応用されていたことが想像されます。タレスが証明していたとされる「一辺とその両端の角が等しいとき、二つの三角形は合同である」を使うと、図4-6のように距離を測定することが可能です。

このように、三角形の合同条件は、測量で大いに活用されます。（厳密に言えば、拡大縮小を行

図4-6　2つの辺とその間の角がそれぞれ等しい

うことも多く、相似条件を活用しているとも言えます。）

現代でも、三角形の合同条件は直接測りにくい距離を測るために使われることがあります。

たとえば、「デジタルペン」という電子機器があります（図4-7）。一見普通のボールペンで、紙に文字等を書くことができるペンですが、書いたものと全く同じ文字等がパソコン画面にも同時に表示されます。手書きで書いたメモ等を、パソコンに保存できるわけです。

典型的なデジタルペンは、紙の端にセンサーユニットをつけてペン先の位置を測定するようになっています。ペンが紙についているときにセンサーユニットの二つの点からペン先までの距離を、毎秒数十回測定し、瞬間ごとにコンピューター内に合同な（厳密には、相似の）三角形を描く要領で、ペンの

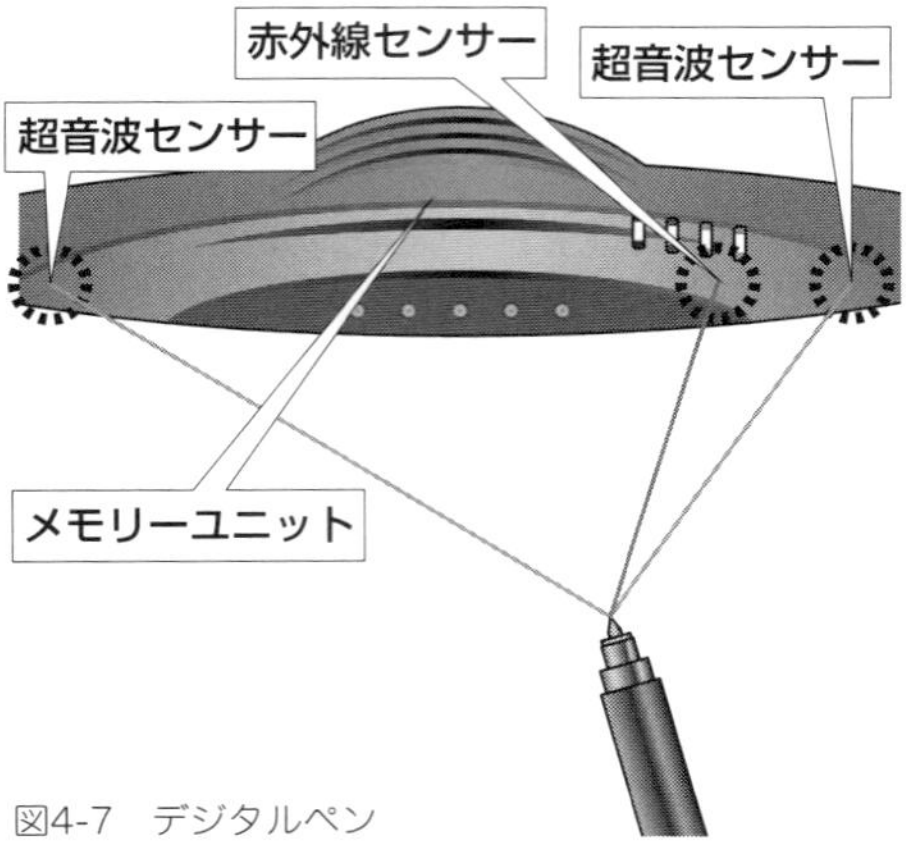

図4-7　デジタルペン

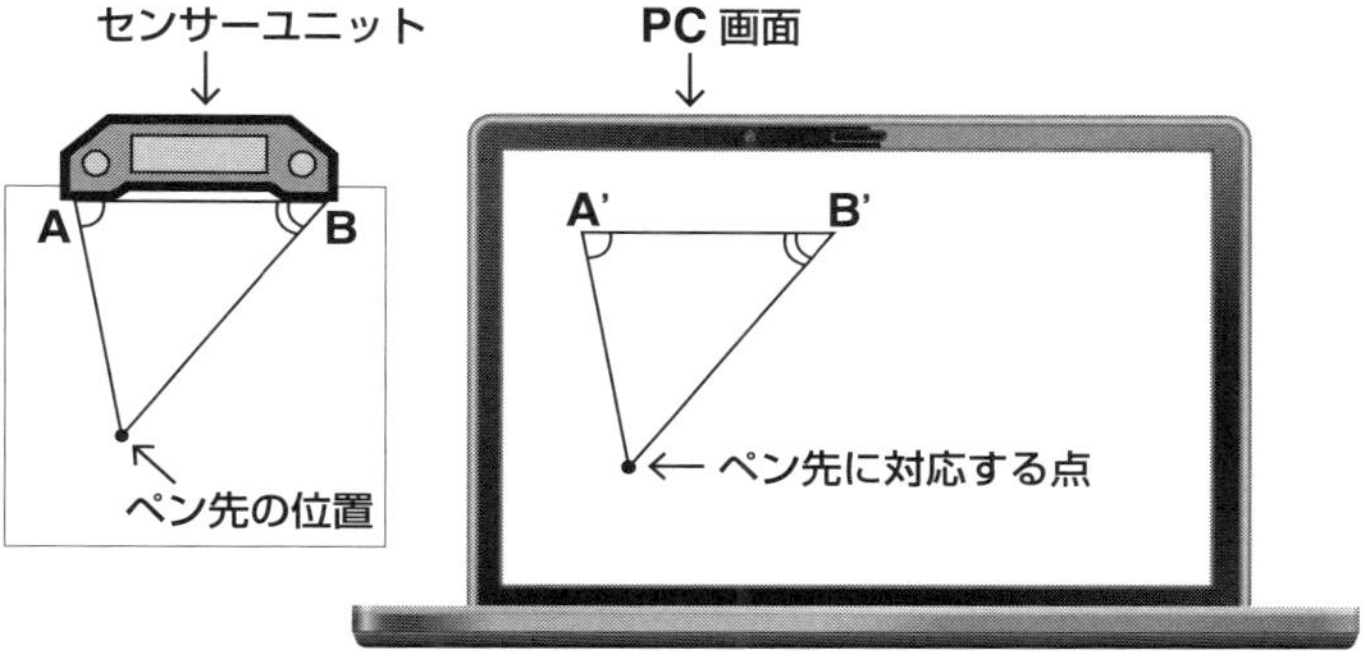

図4-8　センサーユニットがペン先までの角度を測定できる場合

位置を推定していくわけです。すなわち、三辺が等しい三角形は合同という合同条件が、応用されているわけです。

なお、センサーユニットがペン先までの距離を測定できないとしても、ペン先までの角度を測定することができれば、一辺とその両端の角が等しくなる合同三角形を作図できるので、やはりペン先の位置を特定することが可能です。

角度を測定する方法を応用すれば、センサーユニットで水平方向と垂直方向の角度を測定すると、三角形の合同条件を2回使うことで、3次元空間の位置を決めることができます。このような方法で、ゲーム機のコントローラーの位置を特定することが可能です（図4-9）。ただし、実際のゲーム機では、コントローラー自体の向きや加速度を測定するセンサーも機能していて、もっと複雑に、そして厳密に

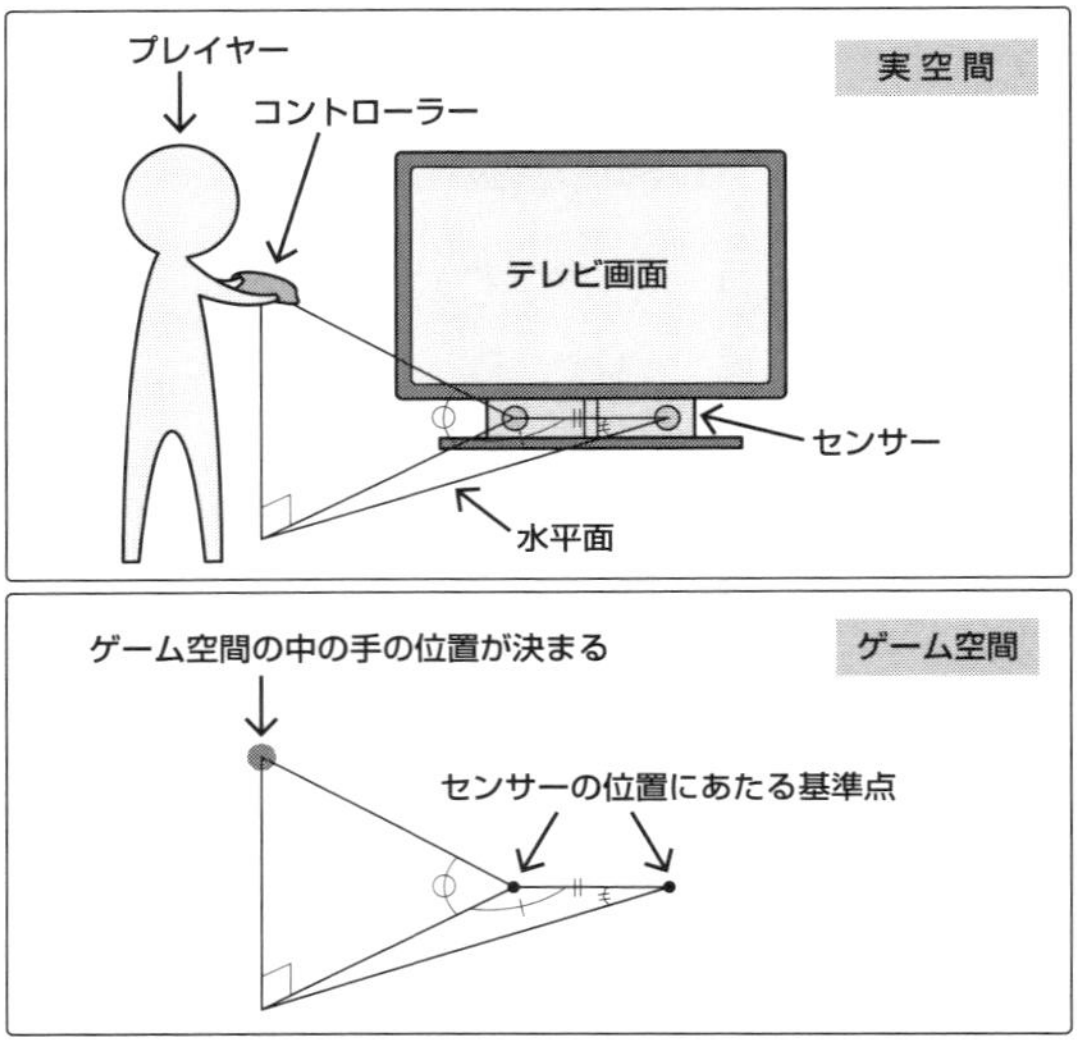

図4-9　3次元空間での位置を特定する

図4-10　3Dスキャナー

位置の特定を行っているようです。

また、立体物の形を正確に読み取る「３Ｄスキャナー」という機器があります（図４‐10）。これも、三角形の合同条件・相似条件を応用して、立体物上の各点の位置を特定していると言えます。３Ｄスキャナーにもさまざまな製品がありますが、ある製品は、スキャナーから立体物にレーザー光線をあて、光線があたっているところを2か所のカメラでとらえて、その点までの距離や角度から位置を決めるという作業を繰り返し行います。陰になるところをとらえるために、立体物を回転させていくつかの方向からデータをとっています。

３Ｄスキャナーには、土器を再現したり、義手・義足をつくったりすること等、さまざまな応用が期待されています。

タレスの頃から証明されていた三角形の合同条件は、ユークリッドの『原論』において数学の体系の中に位置づけられ、図形を研究する幾何学の基礎として扱われつづけてきました。そして、最近のデジタル技術の発展の中で、デジタルペンや３Ｄスキャナー等、新しい技術にも使われています。ある意味で、現代の技術も、タレスやユークリッドによる証明に支えられていると言えます。

5

虚数jが電気工学で使われる理由

虚数 *i* の魅力

2乗して−1になる数がある、これは**虚数**であり、*i*と表す——等と言われると、奇妙な感じがします。

「虚数」というと、「本当はない数」という印象を受けます。そして、なぜそんなことを考えるのだろうという疑問がわくかもしれません。

ただ、虚数は英語ではimaginary numberとよばれます（*i*という文字が使われるのは、imaginaryの頭文字からです）。直訳すれば「想像上の数」ですね。「虚数」とあまり意味は違わないかもしれませんが、「想像上の数」と言われると、少し楽しい印象を受けるかもしれません。

虚数が発明された経緯は、$\sqrt{2}$等の無理数が登場した経緯と似ています。

紀元前500年頃、ピタゴラスが活躍した時代には、整数が尊重され、整数の比で表せない数はタブーとされていました。しかし、1辺の長さが1の正方形の対角線は整数の比で表されるような数（有理数）ではありえないことが明らかとなり、$x^2 = 2$の方程式の解（厳密には二つの解のうち正の解）が$\sqrt{2}$と表され、数として認められるようになったのです。（ちなみに、有理数は英語ではrational number、無理数はirrational numberとよばれます。〝rational〟には「合理的」という意味もありますが、「比ratioの」という意味に解すべきで、

「有理数」は「有比数」もしくは「整比数」、「無理数」は「無比数」もしくは「非整比数」等と訳すべきではなかったかと思います。）

しかし、$x^2=-1$のような方程式は、無理数まで含めて考えても解がないこととなり、永く「解なし」として扱われていました。二次方程式については、「解なし」という扱いでも特段問題がなかったのかもしれませんが、16世紀にカルダーノという数学者が三次方程式の解の研究を進める中で、「解なし」は不便だということで発明されたのが、虚数ということになります。

虚数iは、次のように定義されます。

−1の二つの平方根のうちの一つ

このiと実数とでは、自由に加減乗除の演算ができ、交換法則や分配法則も成り立つことになっています。下のよ

iと実数の四則演算

$$(-i)^2=(-1)^2\times i^2=-1$$

$$i^3=i^2\times i=-i$$

$$(1+i)(1-2i)=1-2i+i+2=3-i$$

$$(2-i)(2+i)=2\times2-2i+2i-(-1)=4+1=5$$

$$\frac{2-3i}{1+2i}=\frac{(2-3i)(1-2i)}{(1+2i)(1-2i)}=\frac{-4-7i}{5}$$

うな計算が可能です。

このiを使うと、あらゆる数は$a+bi$という形で表すことができることになります（a,bは実数）。この$a+bi$という形で表される数は「**複素数**」とよばれ、iは虚数の中でも「虚数単位」とよばれます。$a+bi$の形式のとき、aは「実部」、bは「虚部」とよばれます。複素数は、実部と虚部との二つの実数の組み合わせで表されることとなります。

複素数を使えば、あらゆる二次方程式には解があることになります。実数だけでは「解なし」となる下のような方程式でも、複素数の解をもつことがわかります。

「×《カケル》i」を図形的に見ると

数直線というものがあります。−1、0、1、2といった数を直線に対応させたものです。

数直線上では、1を掛ける、2を掛ける、3を掛けるといった掛け算（乗法）は、0からの距離を同じ方向に1倍、2倍、3倍する

複素数解の二次方程式

方程式　$y = x^2 + 2x + 3$

解の公式より　$x = -1 \pm \sqrt{1-3}$

$= -1 \pm \sqrt{-2} = -1 \pm 2i$

ことに対応します。−1を掛ける、−2を掛ける、−3を掛けるといった乗法は、0からの方向を逆にして、0からの距離を1倍、2倍、3倍することに対応しますね。−1を掛けることは、0から見て180度回転させることに対応している、とも言えます（図5-1）。

では、iを掛けることは、このように図形的に考えることができるのでしょうか？

iを2回掛けることは−1を掛けることと同じにならなくてはなりません。−1を掛けることが180度回転させることになるのであれば、iを掛けることは90度回転させることに対応させるとよさそうです。

数直線上では90度回転させることはできません。そこで、直線だけで考えることをやめ、平面で考えることにします。0を中心にして、1を90度回転させた場所にiが来るように、平面を定めます。90度回転には時計回り、反時計回りの両方がありえますが、特に違いはありませんので、回転は反時計回りを原則としましょう（慣習的にそうなっています、図5-2）。

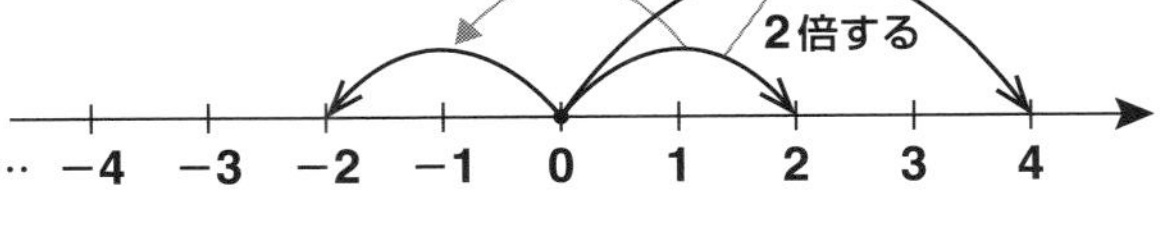

図5-1　数直線

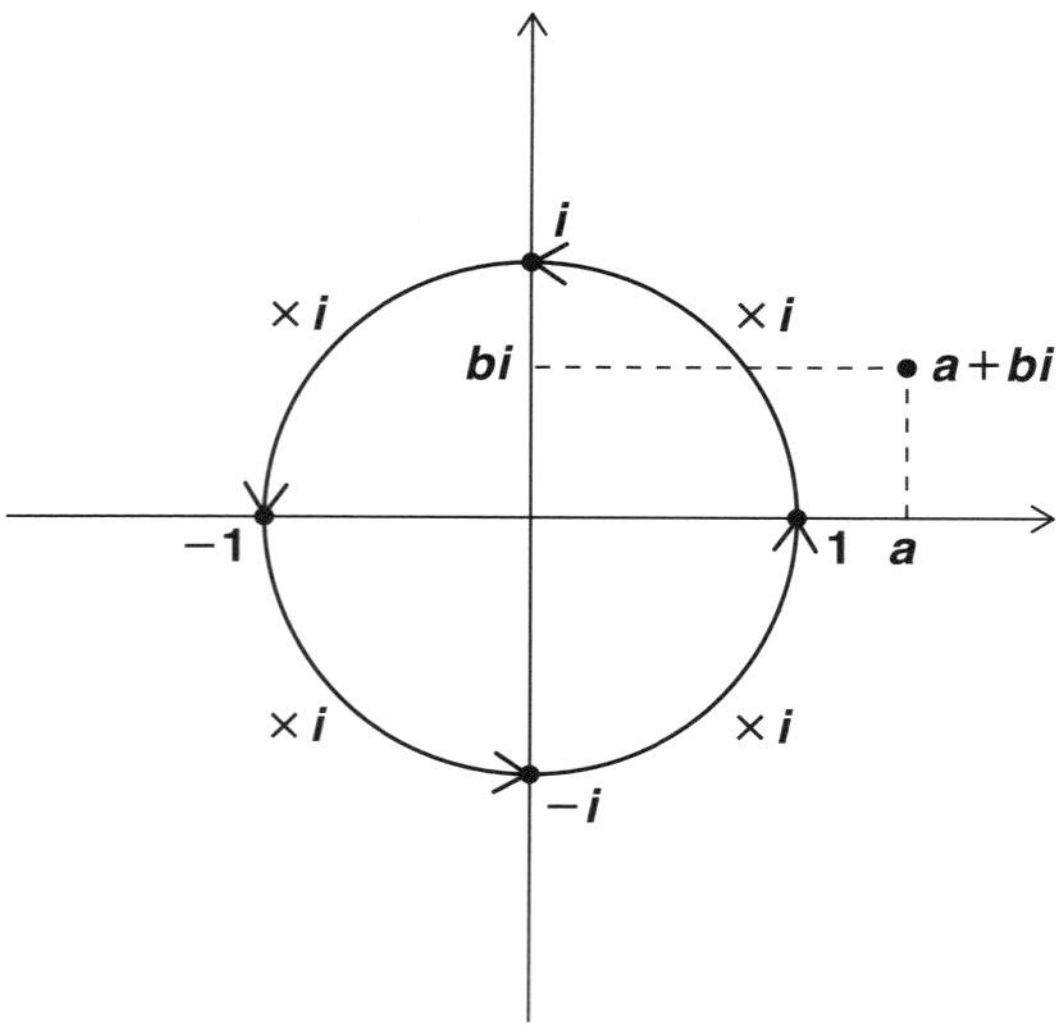

図5-2　複素平面（ガウス平面）

この平面は、$a+bi$ という形の複素数を表すことができるもので、「**複素平面**」とよばれます（数学者・物理学者であるガウスが発明したことから、「ガウス平面」ともよばれます）。i を掛けることは、この複素平面上で、0を中心として90度回転させることに対応します。1に i を掛ければ i、i に i を掛ければ -1、-1 に i を掛けると $-i$、$-i$ に i を掛けると1になります。これらはすべて、90度回転したものに対応しますね。

　これらだけでなく、どんな複素数でも、i を掛けることは複素平面上で90度回転させることに対応します。

-1 を掛けると180度回転、i を掛

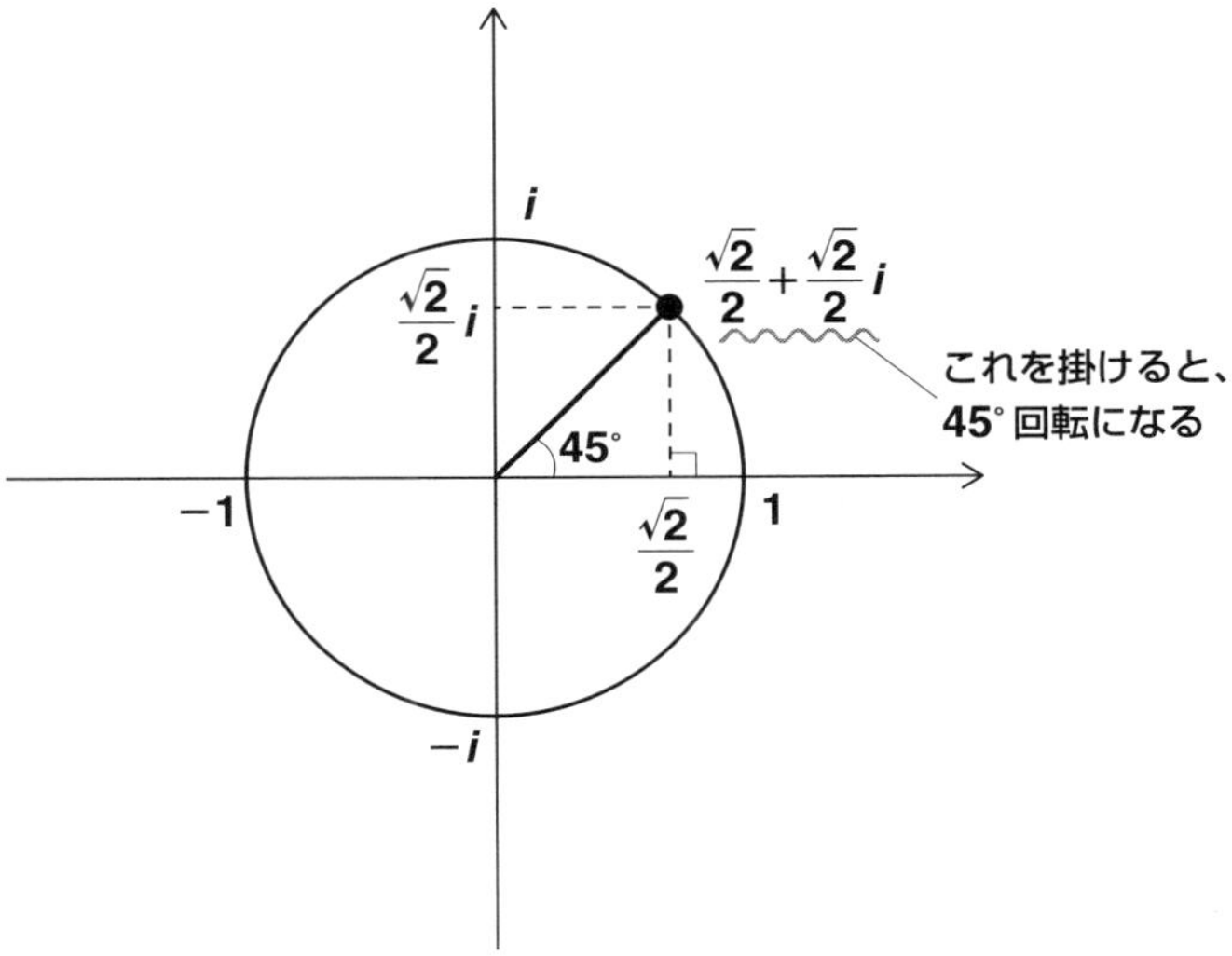

図5-3　45°回転するには

けると90度回転となることがわかりました。では、ほかの角度の回転をさせることはどう考えればよいでしょうか？

45度回転させるためには、1のところから45度回転させた点に対応する複素数を掛ければよさそうですね。この点は0から見ると、右に$\sqrt{2}/2$、上に$\sqrt{2}/2$移動した場所にありますから、複素数として書くと、$\sqrt{2}/2+(\sqrt{2}/2)i$ということになります（図5-3）。

複素平面では、0を中心とした回転は、複素数を掛けることに対応することになります。単純な掛け算（乗法）で回転を扱うことができることから、複素数は回転にかかわる計算に便利に使われるようになりました。

電気工学と複素数

複素数が発明されたことは、数学の発展に大きく寄与しました。基本的なことでは二次方程式はもちろん、三次方程式、四次方程式等の研究が進みました。複素数にかかわる数学の領域は「複素解析」とよばれ、20世紀以降の現代数学において重要な位置を占めています。

他方、複素数は数学以外の分野でも多く活用されています。複素数が活用されている代表的な分野は、電気工学です。

電気工学とは、その名の通り電気にかかわる工学です。電気を使ってモーターを動かして機械を動かしたり、マイクで音を電気信号に変えたり逆にスピーカーで電気信号を音に変えたり、電気による照明や冷暖房を可能にしたりと、現代の社会を支える非常に幅広い技術にかかわっています。

複素数に含まれる虚数は現実にはない想像上の数であるはずですが、それが現実を動かす電子工学で使われるというのは、どういうことなのでしょうか。

電気には、直流と交流があります。直流は乾電池から得られる電気のように、プラス極とマイナス極が決まっていて、基本的に一定の電圧が維持されるものです。交流とは、家庭用電源から得られる電気のように、プラスとマイナスが頻繁に入れ替わるものです。

家庭用電源は、日本の場合、東日本では50 Hz（ヘルツ）、西日本では60 Hzとなっています。ヘルツというのは、周波数（あるいは振動数）の単位で、1秒間に何回、プラスとマイナスが入れ替わるかを示しています。東日本では1秒間に50回、西日本では1秒間に60回、プラスとマイナスが入れ替わっているわけです。

電気工学では当然、交流の電気を扱います。交流の電気の電圧や電流の変化は、図5-4のように波状になります。この波の形は、数学的には三角関数の $y=\sin x$ を使って表されるもので、「正弦波」とよばれるものです（sin は日本語では「正弦」とよばれます）。

この正弦波は、そのまま扱うと計算がなかなか厄介です。深入りするのは避けますが、電気回路の中に、コイルやコンデンサーといった部品が入ると、電流の波が左右にずれることがわ

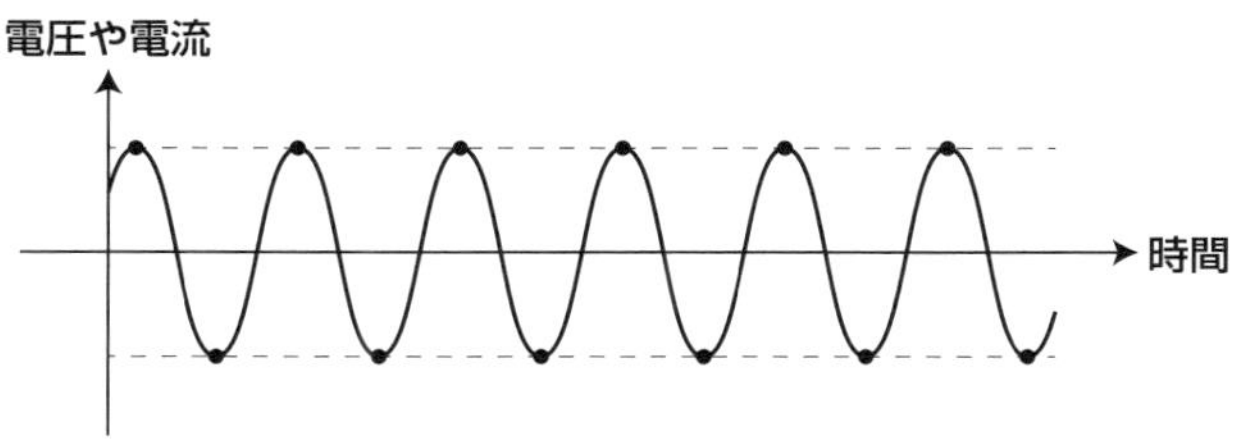

図5-4　正弦波

かっています。こうした部品がいくつも入っている回路での電圧や電流を分析するためには、三角関数を組み合わせた非常に複雑な計算が必要となります。

しかし、正弦波は、ぐるぐる円状に回転したものを横から見た変化と考えることができます。たとえば、ひもの先にボールをつけて円状にぐるぐるまわしている様子を思い浮かべてください。これを真横から見ると、ボールは上下に運動しているように見えますね。この動きを時間との関係でグラフにすれば、正弦波ということになります（図5-5）。

このように電気の波を複素平面上の回転と見ると、波をずらすことは回転をずらすことに対応します。すでに見たように、90度ずらすのであれば値をi倍、45度ずらすのであれば値を$\sqrt{2}/2+(\sqrt{2}/2)i$倍というように、掛け算（乗法）で扱うことができます。このことに象徴されるように、複素平面上で電圧や電流の変化を扱うと、三角関数のまま計算することに比べて圧倒的に計算が楽になります。このように計算を楽にするため

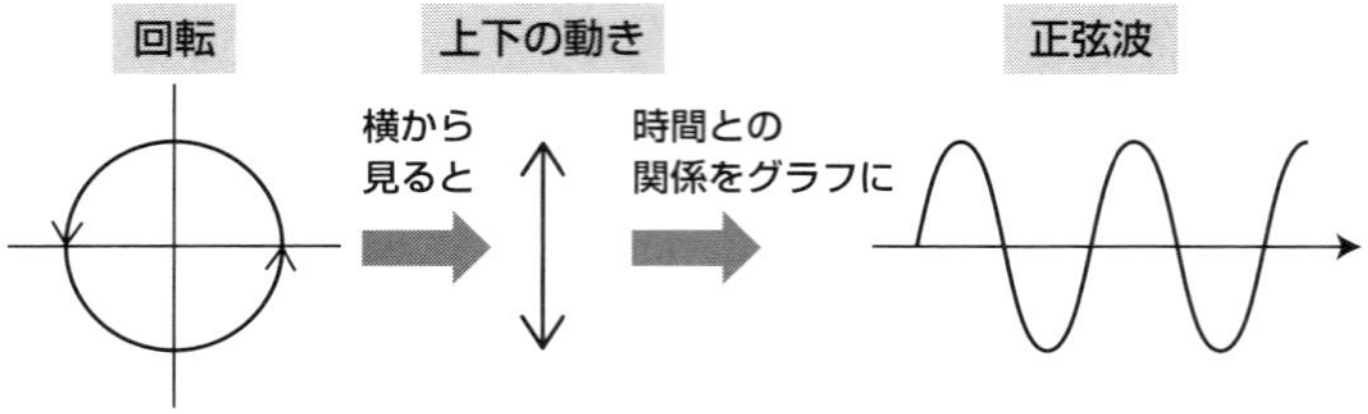

図5-5　回転する動きと正弦波

に、電気工学では複素数を便利に使うのです。想像上の数である虚数が、複素数という形で、現実の社会を支える電気工学で大いに活用されているということが、少しでも見えてきたでしょうか。

複素平面を使って正弦波を分析する？

複素平面上に 0 を中心とした半径 1 の円を中心とした円を描き、この円状を点が反時計回りに、1 の点から 1 秒あたり角 ω（「オメガ」と読みます）で回転していくとします。このとき、ω の単位は「度」でなく、「ラジアン」とします。円周率 π を使って、180 度＝π ラジアンと定義されます。

時刻 t 秒のとき、点は最初から ωt ラジアン回転していて、そのときの点の位置は、

$$\cos \omega t + i \sin \omega t$$

となります。

ところで、18 世紀の数学者オイラーによる「オイラーの公式」として、次のことがわかっています（オイラーの公式の説明は長くなるので、本書では扱わないことをお許しください）。

$$e^{i\theta} = \cos \theta + i \sin \theta$$

ここで、e というのは、「自然対数の底《てい》」とよばれる特殊な数で、約 2.71828 です。これを $i\theta$ 乗するというのがどのような意味なのかがわかりづらいですが、「マクローリン展開」という手法で定義されており、その定義に従うと、オイラーの公式が導かれることがわかっています。

このことから、円の上を回転する点の t 秒時点での値は、オイラーの公式によって、三角関数を使わずに、$e^{i\omega t}$ と表すことができます。この形式で表されることで、乗法や微分等の計算が三角関数を使用する場合より格段に楽になります。

なお、ここでは虚数単位をiという文字で表していますが、電気工学の分野ではiという文字を異なる意味で用いるため、虚数単位としてはjの文字が使われます。

虚数単位は一つしかないのか？

さて、虚数を考え始めた時点に戻りましょう。

虚数はそもそも、2乗して-1になる数をつくる必要性から発明されたものでした。このような数は1次元の数直線上の実数の中には存在しないのですが、2次元の複素平面上に数を拡張して複素数の世界をつくることで、2乗して-1となる数をつくることが可能となりました。このとき、2乗して-1となる数はiと$-i$の二つですが、両者は互いに-1を掛けたものどうしなので、虚数単位としては片方のiのみ、ということになります。

では、話を3次元に拡張したら、また別の世界が開けていくのでしょうか？（図5‐6）これは数学的には、次のことを意味します。すなわち、2種類の虚数単位（i、jとします）を用いて、あらゆる数を

$$a+bi+cj \quad (a,b,c \text{ は実数})$$

という形で表現する体系がつくれるかどうか、ということです。これがうまくいけば、a、

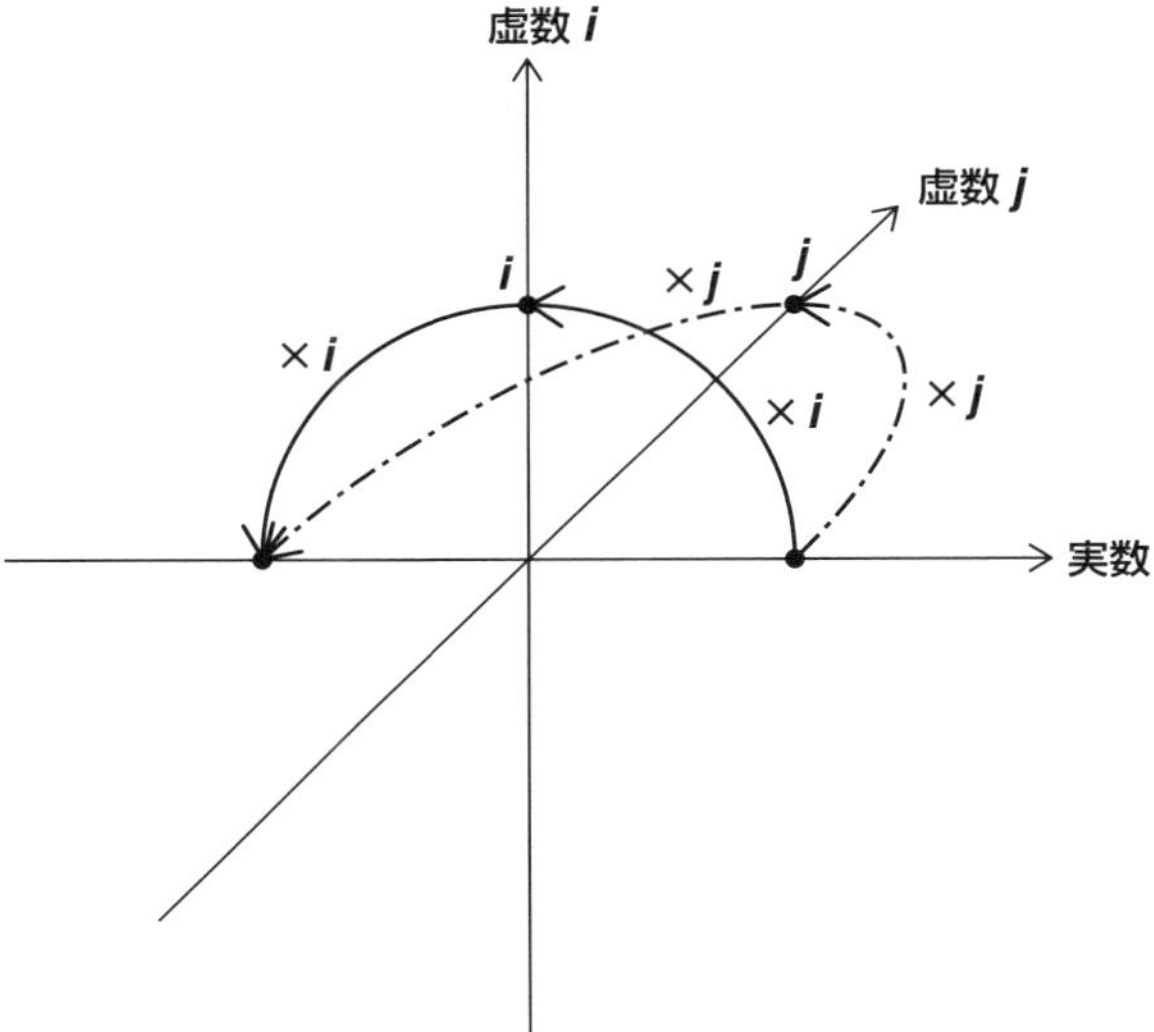

図5-6　三元数のイメージ

b、cの三つの実数の組み合わせで一つの数を表す「三元数」の体系がつくれることになります。

ところが、三元数の体系はうまくつくれません。2種類の虚数単位どうしの積であるijという数をどのように扱うかを、決めづらいのです。

このことをふまえ、虚数単位をさらにもう一つ増やして「**四元数**」とすると、そこそこうまい体系がつくれることがわかっています。

四元数では、3種類の虚数単位（i、j、kとします）を用いて、あらゆる数を

$$a+bi+cj+dk \quad (a,b,c,d \text{ は実数})$$

という形で表します。そして、常に、

$$i^2 = j^2 = k^2 = ijk = -1$$

が成り立ちます。四元数では、実数や複素数の場合と異なり、掛け算の交換法則が成り立ちません。

四元数は、図形の回転を記述するのに便利であるとされ、コンピューターグラフィックスや人工衛星等の三次元技術等に活用されているそうです。

なお、さらに複雑になりますが、八元数や十六元数といった体系も、研究されています。

6

最長片道切符と情報工学

「最長片道切符」のロマン

２００４年、ＮＨＫのＢＳ放送で、「列島横断 鉄道１２０００キロの旅～最長片道切符でゆく42日～」という番組が放送されていました。これは、北海道から九州まで、ＪＲの「最長片道切符」を使って俳優の関口知宏が旅をする番組でした。

ＪＲ北海道、東日本、東海、西日本、四国、九州の各社は、旧国鉄時代より、通しで切符を発行しています。たとえば、北海道の札幌から本州を経由して九州の博多まで、１枚の片道切符を発行してもらうことが可能です。この場合、東京経由であれば次のようなルートで発券されることとなります。

札幌→（函館本線・津軽海峡線等）→新青森→（東北新幹線）→東京→（東海道・山陽新幹線）→博多

この場合、運賃は２６７５０円となります。（ほかに特急料金等がかかります。）では、どんなルートでも片道切符が発行されるかというと、そうではありません。途中で折り返すことはできず、同じ駅を２度通るルートの場合にはその駅までで片道切符が打ち切りになるというルールがあります。

たとえば、東京から沼津まで東海道本線で行き、沼津から折り返して熱海に戻って伊東線で伊東まで行くとしましょう（図6-1）。この場合には、熱海－沼津間が折り返しとなりますから、片道切符を買おうとしても沼津で打ち切りとなります。

また、東京から中央本線で甲府に行き、身延線で富士に、東海道線で東京に、総武線で千葉に行くとします（図6-2）。この場合には東京駅を2度通ることになるので、東京→甲府→富士→東京という環状ルートまでで片道切符は打ち切りとなります。

あるいは、京都から東海道本線で

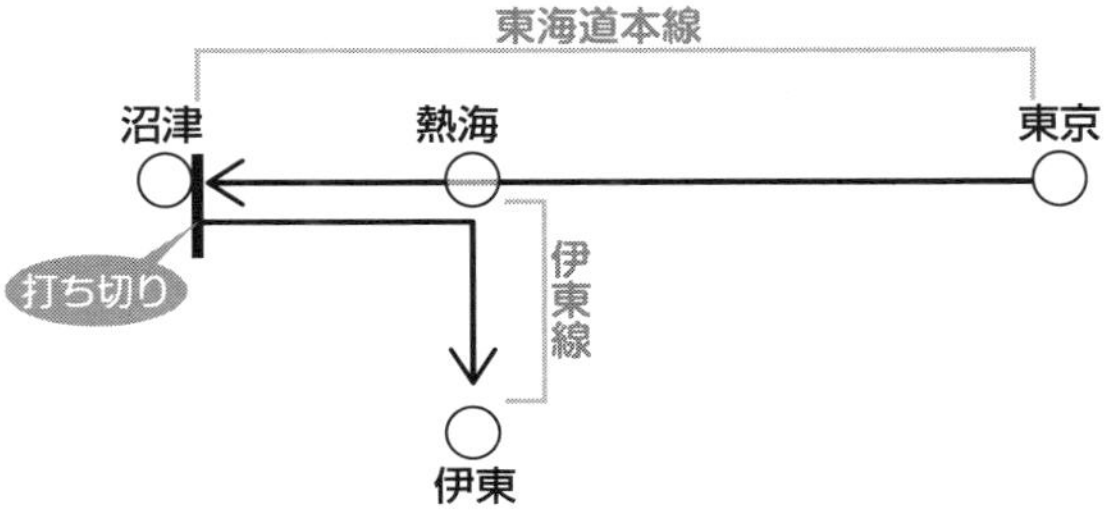

図6-1　折り返しがあると片道切符は打ち切りとなる

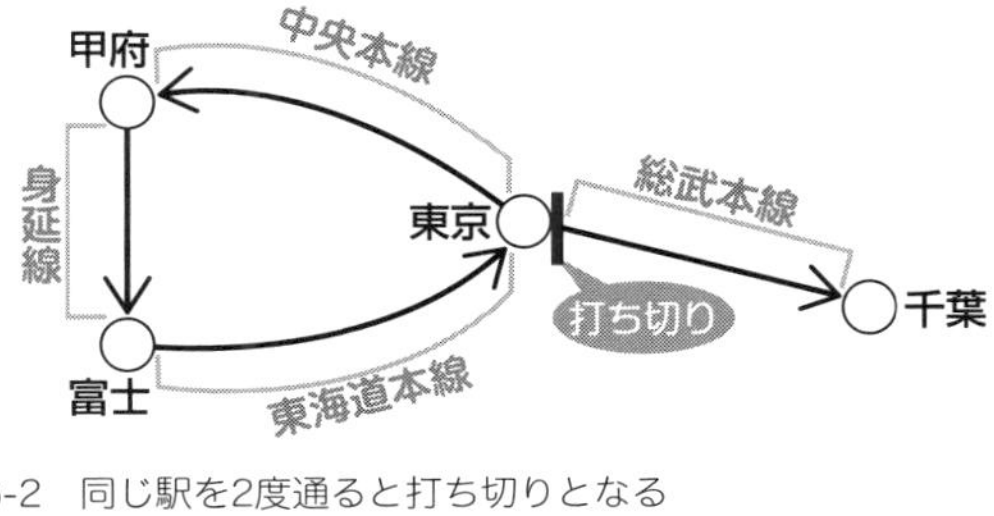

図6-2　同じ駅を2度通ると打ち切りとなる

東京、中央本線で塩尻経由で名古屋、名古屋から関西本線で四日市に行くとします（図6-3）。この場合には、名古屋とその隣の金山を2回通りますから、片道切符は京都→名古屋→東京→塩尻→金山で打ち切りとなり、「6」の字型となります。

なお、乗車券の発行については、次のようにいくつかの特例があります。詳しくは、時刻表やJRの旅客営業規則を参照してください。

・新幹線と並行在来線については、特に定めがない限り同一路線とみなされる。このため、たとえば浜松から豊橋まで東海道新幹線で行き、東海道本線で浜松に戻るルートでは、同一路線を折り返したとみなされ、片道切符は浜松から豊橋で打ち切りとなる。なお、東京ー横浜・新横浜ー小田原のように新幹線の途中駅が在来線と別の駅の場合には別路線とみなされるので、たとえば、東京から東海道新幹線で小田原に行き、小田原から東海道線で横浜に戻るルート（図6-4）であれば、

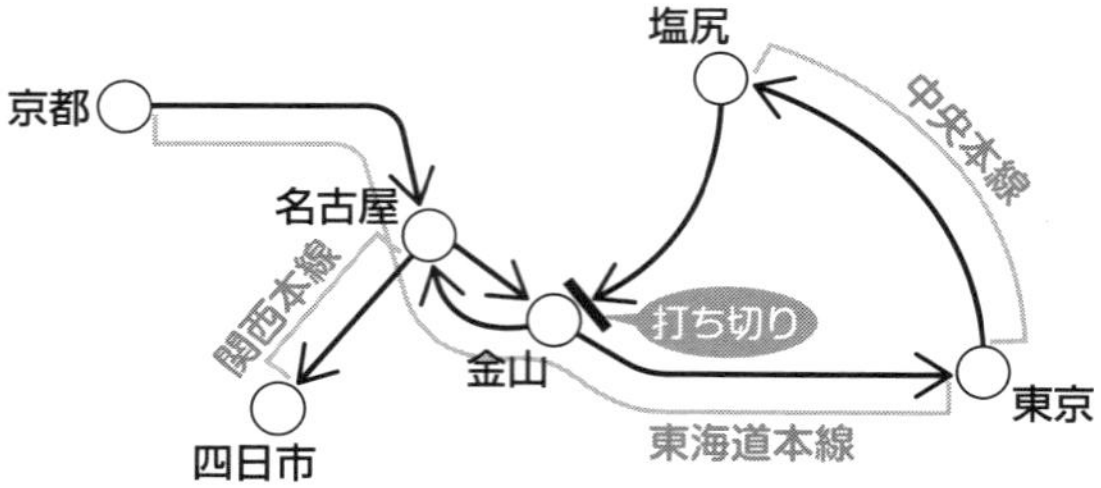

図6-3　京都から金山までは「6」の字型ルートの切符に

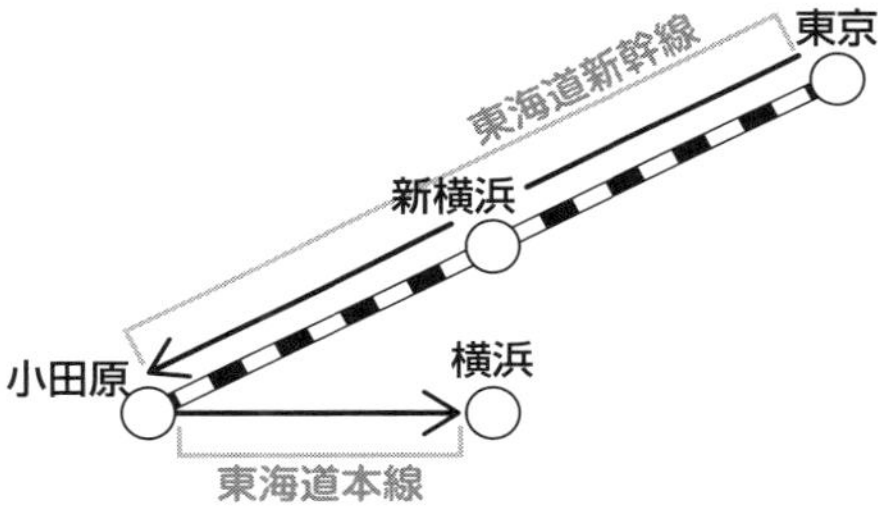

図6-4　新幹線と在来線が別路線とみなされる特例

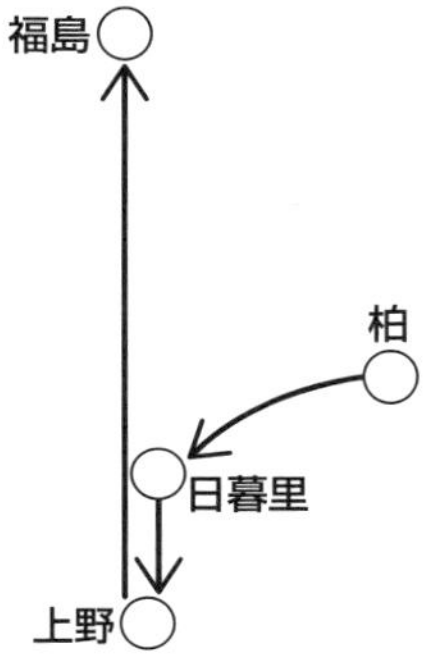

図6-5　乗車券に含まれない区間の利用が認められる特例

片道切符が発行される。

・乗換の都合上等で乗客が一部区間を重複して乗らなければ不便が生じる場合、あらかじめ定められた重複区間については乗車券に表示されていなくても乗車することが可能。たとえば、柏から常磐線で日暮里に出て東北本線で福島まで行こうとしても、日暮里には東北本線のホームがなく、乗り換えることが困難。このため、柏→日暮里→福島という乗車券で、日暮里ー上野間の往復の乗車もできる（図6-5）。

このようなＪＲの片道切符には、理論上、「最長」があることがわかります。ＪＲの路線は有限であり、同じところを何回も通ることもできないのですから、片道切符が発行されるルートも有限通りしかなく、最長のルートがあるはずです。

では、最長片道切符のルートを求めることは、いかにして可能でしょうか。全国のJR路線図を眺めればわかりますが、最長片道切符のルートを求めることは、容易ではありません。

路線が単純であれば、ていねいに調べていくことで最長ルートを求めることも、そう難しくありません。JR最長片道切符では、北海道を全然通らないことは考えにくいので、まずは津軽海峡線の入り口である木古内駅から北海道内のどこかの駅までの最長ルートを求めればよいこととなります。

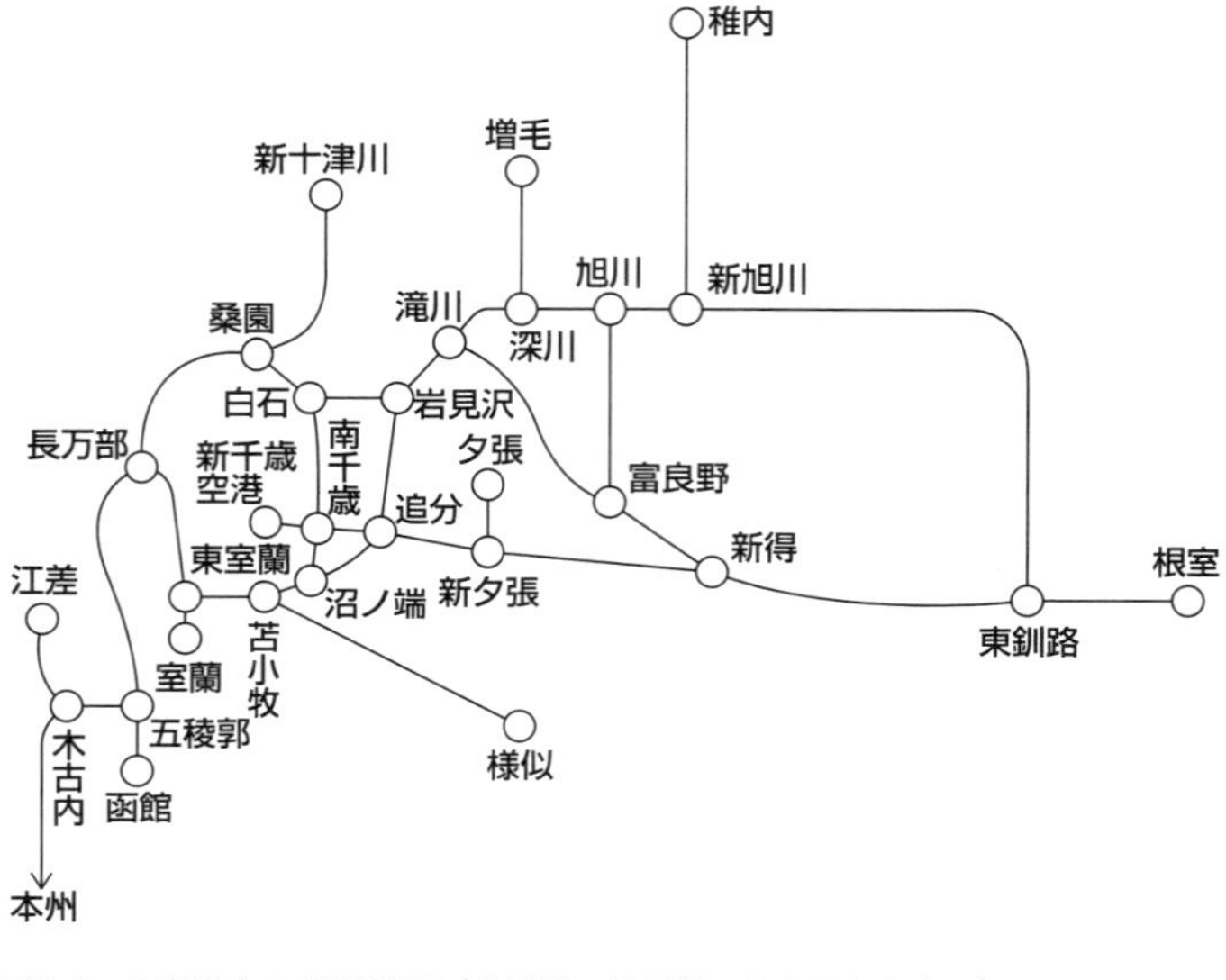

図6-6　北海道内のJR路線図（分岐駅、終端駅のみを示したもの）

時刻表では1駅ごとのルートと各駅間の距離がわかりますが、最長片道切符のルートを求めるのに、すべての駅について調べる必要はありません。関係ないところを捨象して、最長片道切符を求める専用の路線図をつくりましょう。図6‐6のようになります。

このように、節と枝で表される図は、数学では「**グラフ**」とよばれます。グラフに関する理論は、「**グラフ理論**」とよばれます。一筆書き理論、電気回路の検討等に活用される理論です。

北海道の路線のように比較的単純であれば、最も長そうなルートでの距離を計算し、ほかのルートでは最初のルートより長くならないことを示せば、最長ルートが確定します。たとえば、新旭川－稚内間は距離がとても長そうなのでここを通ることにし、ほかの引き返せない区間（東釧路－根室間、苫小牧－様似間等）は通らないことにします。そうすると、新旭川－東釧路－新得という区間が非常に長くなりますので、ここも通ることにします。こんなふうに考え、木古内－五稜郭－長万部－桑園－白石－南千歳－沼ノ端－追分－岩見沢－滝川－深川－旭川－富良野－新得－東釧路－新旭川－稚内というルートが最長だと考えられます。

パソコンの表計算ソフトに、区間一覧を書いておき、通る区間の合計を計算するようにしておくと、計算が楽です（表6‐1）。

このルートは１５１３・７キロです。ほかのルートではこのルートより短くなることを示すことが求められます。

まず、木古内から江差に行ったり、函館に行ったりするとそこで片道切符は打ち切りとなり、距離が圧倒的に短くなるので、江差や函館には行かず、長万部に行くことになります。

このあとの検討には、少し工夫をしてみましょう。

図６・７で、長万部からは、五稜郭方面、室蘭方面、桑園方面と、３本の線が延びています。言い方を変えると、長万部を含む区間が三つあることになります。

最長ルートは、これら三つの区間の

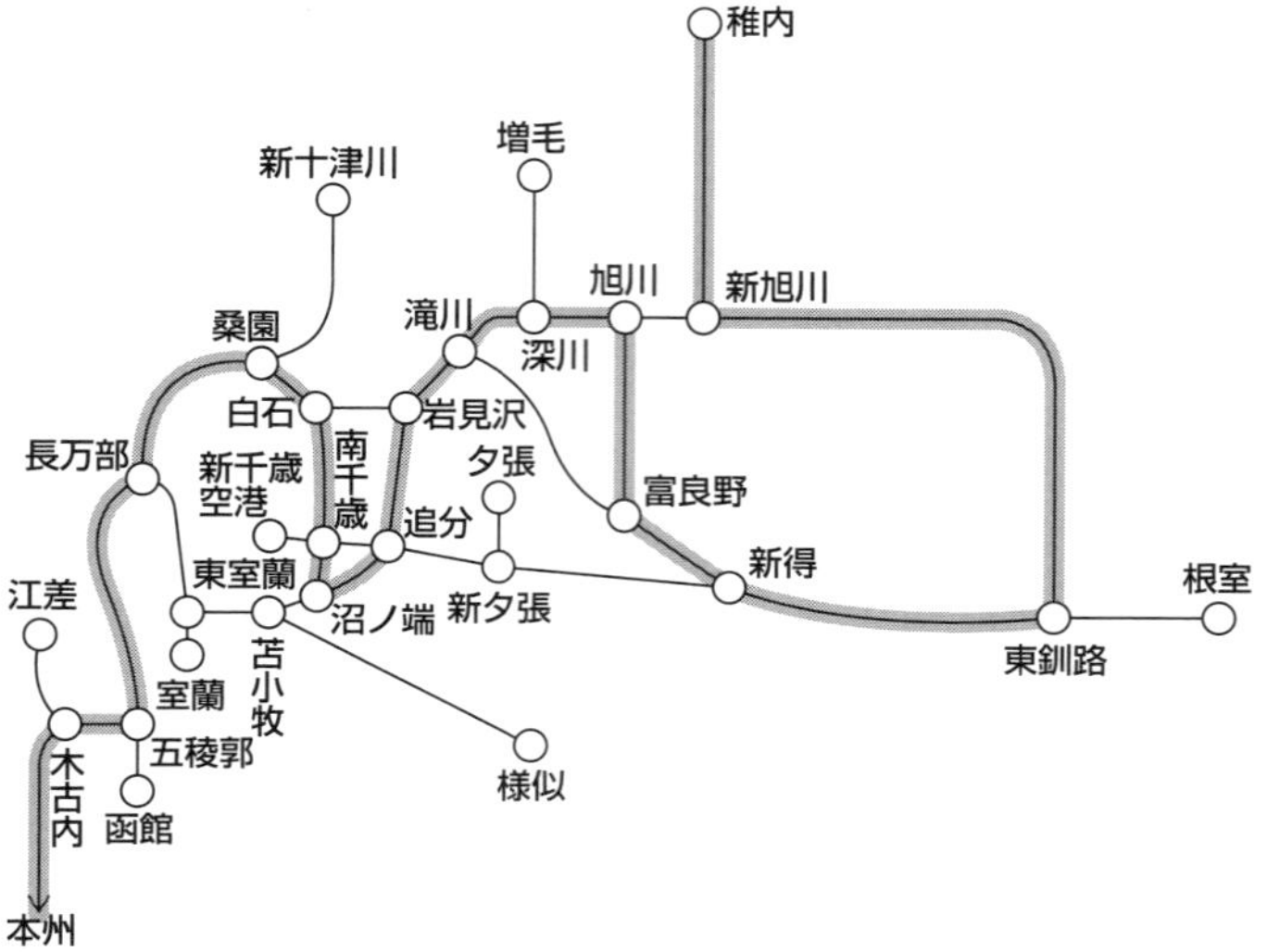

図6-7　北海道内最長ルートの候補（図の網かけ部分）

	始点	終点	距離（km）	通過の有無	通過距離（km）
1	木古内	江差	42.1	0	0.0
2	木古内	五稜郭	37.8	1	37.8
3	五稜郭	函館	3.4	0	0.0
4	五稜郭	長万部	108.9	1	108.9
5	長万部	東室蘭	77.2	0	0.0
6	東室蘭	室蘭	7.0	0	0.0
7	長万部	桑園	172.4	1	172.4
8	東室蘭	苫小牧	58.0	0	0.0
9	桑園	新十津川	76.5	0	0.0
10	桑園	白石	7.4	1	7.4
11	白石	南千歳	38.2	1	38.2
12	南千歳	沼ノ端	18.4	1	18.4
13	苫小牧	様似	146.5	0	0.0
14	苫小牧	沼ノ端	8.8	0	0.0
15	南千歳	新千歳空港	2.6	0	0.0
16	白石	岩見沢	34.8	0	0.0
17	南千歳	追分	17.6	0	0.0
18	沼ノ端	追分	26.8	1	26.8
19	追分	岩見沢	40.2	1	40.2
20	追分	新夕張	25.4	0	0.0
21	新夕張	新得	89.4	0	0.0
22	新夕張	夕張	16.1	0	0.0
23	岩見沢	滝川	42.9	1	42.9
24	滝川	深川	23.1	1	23.1
25	滝川	富良野	54.6	0	0.0
26	深川	増毛	66.8	0	0.0
27	深川	旭川	30.2	1	30.2
28	富良野	旭川	54.8	1	54.8
29	富良野	新得	81.7	1	81.7
30	旭川	新旭川	3.7	0	0.0
31	新旭川	稚内	255.7	1	255.7
32	新旭川	東釧路	400.2	1	400.2
33	新得	東釧路	175.0	1	175.0
34	東釧路	根室	132.5	0	0.0
合計					1513.7

※五稜郭ー長万部間にはルートが2つあるが、運賃計算の特例でどちらを通っても短い区間経由で運賃が計算されることになっている。

※すべて、運賃計算キロでなく営業キロで計算。

※「通過の有無」の欄では、通過するときを1、通過しないときを0と表した。

表6-1　各区間の距離と通過の有無の一覧表

うち、いくつを通ることになるでしょうか。

すでに、長万部－室蘭の区間は通ることが確定しています。ここで終われば、三つの区間のうち通る区間は三つということになります。しかし、長万部で終わってしまっては、最長ルートにはなりませんね。

そこで長万部からルートを延ばすことにすると、東室蘭に向かったとしても、桑園に向かったとしても、長万部を含む三つの区間のうち、通るルートは二つということになります。

ただし、長万部を一度通過した後、めぐりめぐってまた長万部に戻ってくる可能性は残っています。その場合、長万部で最長ルートは終わり、長万部を通る三つの区間すべてを通ることになります。

まとめてみましょう。

長万部が最長ルートの途中にあれば、最長ルートは、長万部を含む区間のうち二つを通ります。

長万部が最長ルートの端にあれば、最長ルートは、長万部を含む区間のうち一つもしくは三つを通ります。

また、長万部は最長ルートが通ることが確定していますが、仮に最長ルートを通らなければ、長万部を含む区間はすべて通らないことになります（当然ですね）。

こうしたことは、長万部に限らず、図のすべての駅について言えます。すなわち、次のことが言えます。

①最長ルートの途中の駅は、その駅を含む区間のうち二つを通る。
②最長ルートの端の駅は、その駅を含む区間のうち一つもしくは三つを通る。（こうなる駅は、北海道から本州方面につながる駅である木古内を除けば、北海道では一つだけ。）
③最長ルート上にない駅は、その駅を含むどの区間も最長ルートが通らない。

最長ルートは、こうした条件を満たすように通る区間を決め、それらの区間の長さの合計が最長となるようにすることによって、求められそうです。

このように、一定の条件を満たすもので、合計等の数値が最大や最小になる場合を求める問題は、「**最適化問題**」とよばれます。「最適化問題」には、セールスマン（セールスパーソン）がいくつかある得意先を最短時間でまわるルートを求める「巡回セールスマン問題」や、総移動時間が短くなるようにスポーツチームのリーグ戦のスケジュールを組む問題、限られた予算で最も満足度が高くなるように買い物する問題等が知られています。一般に「最適化問題」を解くためには膨大な計算が必要なので、コンピューター技術の進展とともにこうした問題を解くための計算方法（アルゴリズム）の研究が進んできました。「最適化問題」は、情報工学の中の重要な研究分野の一つとなっています。

北海道内の最長ルートは、「最適化問題」として、コンピューターを活用すれば短時間であきらかにすることが可能です。具体的には、次の手順で、先ほど候補とした1513・7キロのルートが最長ルートであることが確かめられます。

① 新旭川−稚内間を通らない場合、1513・7キロより長いルートはつくれないため、この区間を通ることが確定。稚内が端の駅となる。

② 稚内が端に確定したため、稚内以外の行き止まりとなる駅は通らないことが確定。

③ 新旭川−東釧路−新得のルートを通らないと、可能性の残っている区間をすべて合計しても1513・7キロ未満となるため、新旭川−東釧路−新得のルートを通ることが確定。

④ 旭川を通らないことにすると、可能性の残っている区間をすべて合計しても1513・7キロ未満となるため、旭川を通ることが確定。ここまでで、稚内−新旭川−東釧路−新得−富良野−旭川−深川−岩見沢のルートが確定したことになる。

⑤ 桑園を通らないことにすると、可能性の残っている区間をすべて合計しても1513・

７キロ未満となるため、桑園を通ることが確定。このため、長万部－桑園－白石のルートを通ることが確定し、未確定なのは白石－岩見沢間のルートのみとなる。

⑥白石－岩見沢間の最長ルートは明らかに白石－南千歳－沼ノ端－追分－岩見沢であり、これですべてのルートが確定。

ソルバーによる最適化問題の解決

以上のように、北海道内の最長ルートを見つけ、そのルートが最長であることを確かめることができました。しかし、本州のルートは非常に複雑で、同じようにして最長ルートを求めることは困難です。

最長片道切符については、ＪＲがまだ国鉄であった１９６０年頃から話題になっていたようですが、厳密にどのルートが最長かを決めることはできていませんでした。この問題に厳密な答えが出されたのは、２０００年、情報工学を専門とする葛西隆也さんによってでした。葛西さんは、最長片道切符を求める問題を、前述の「最適化問題」としてとらえました。「最適化問題」の解決には、コンピューター上で動く「ソルバー」とよばれるソフトを使うことができます。条件を記述し、ソルバーを動かせば、コンピューターが効率的にさまざまな選択肢を比較して、最適解を求めてくれます。「ソルバー」の機能は表計算ソフトのエクセルにも含まれています。

ソルバーを使うことにすれば、条件をソルバーが処理できる形で記述すれば最長片道切符を求める問題は解けることになります。葛西さんは、全国のＪＲの路線網を、分岐駅や終端駅で区間に区切り、区間の情報をソルバーが読める形で準備しました。そして、次の条件をソルバーが使える形で記述しました。

・ルートの端を除いて、ルートが各駅を通るのは０区間もしくは２区間である。

本州だけで、路線図を構成する区間は約４００。４００の区間それぞれを通るか通らないかの選択のしかたは２の４００乗通りと非常に膨大にあり、あらゆる場合について確かめていては、時間がいくらあっても足りません。しかし、ソルバーをうまく使うことで、短時間のうちに最長片道切符のルートが求められることになります。

葛西さんがこの問題に取り組んだ２０００年頃では、一般的なパソコンで安価なソルバーを使うのは非現実的だったとのことです。しかし、コンピューターの性能は年々高くなっており、現在では一般的なパソコンに無償のソルバーを入れても数分から十数分くらいで解決ができるようになっています。

ただし、葛西さんが開発した方法では、すぐに最長ルートが出るわけではありません。というのは、条件を満たすルートには、全部ルートがつながらず、一部、いくつかの区間が環状でつながってしまうことがあるわけです（図6-8）。このため、いったん出されたルートがすべてつながっているかを確認し、つながっていなければそのつながりを排除する条件を加えて、繰り返し最高ルートの探索を行わせます。一部が環状でつながるという事態がなくなったら、それが最長片道切符ということになります（図6-9）。

この葛西さんの方法を使えば、鉄道路線に変更があってもデータを修正するだけで対応ができます。この方法によって、最長片道切符問題に大きな進展がもたらされたのです。

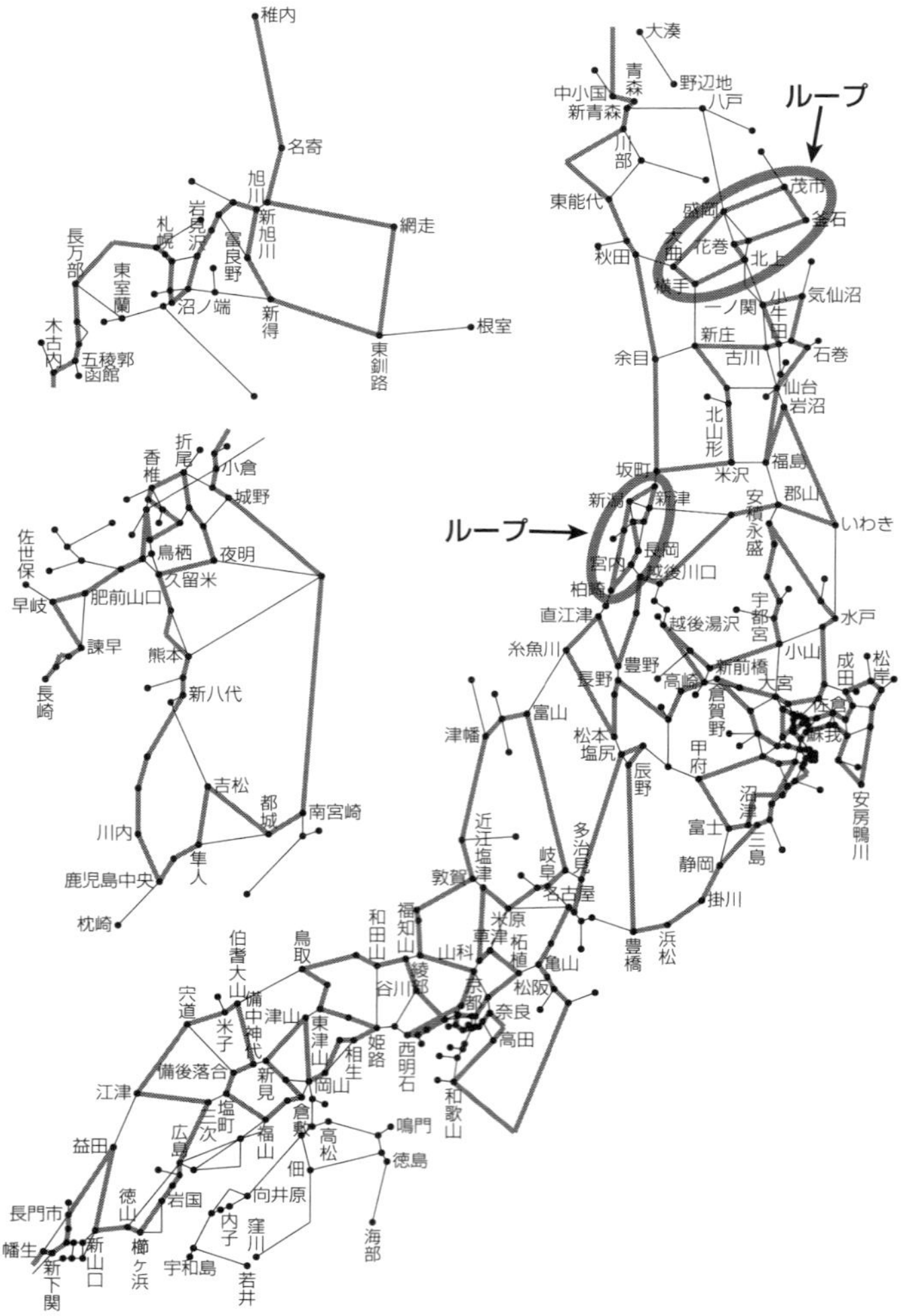

図6-8　途中の結果（秋田・岩手県や新潟県にループがある）

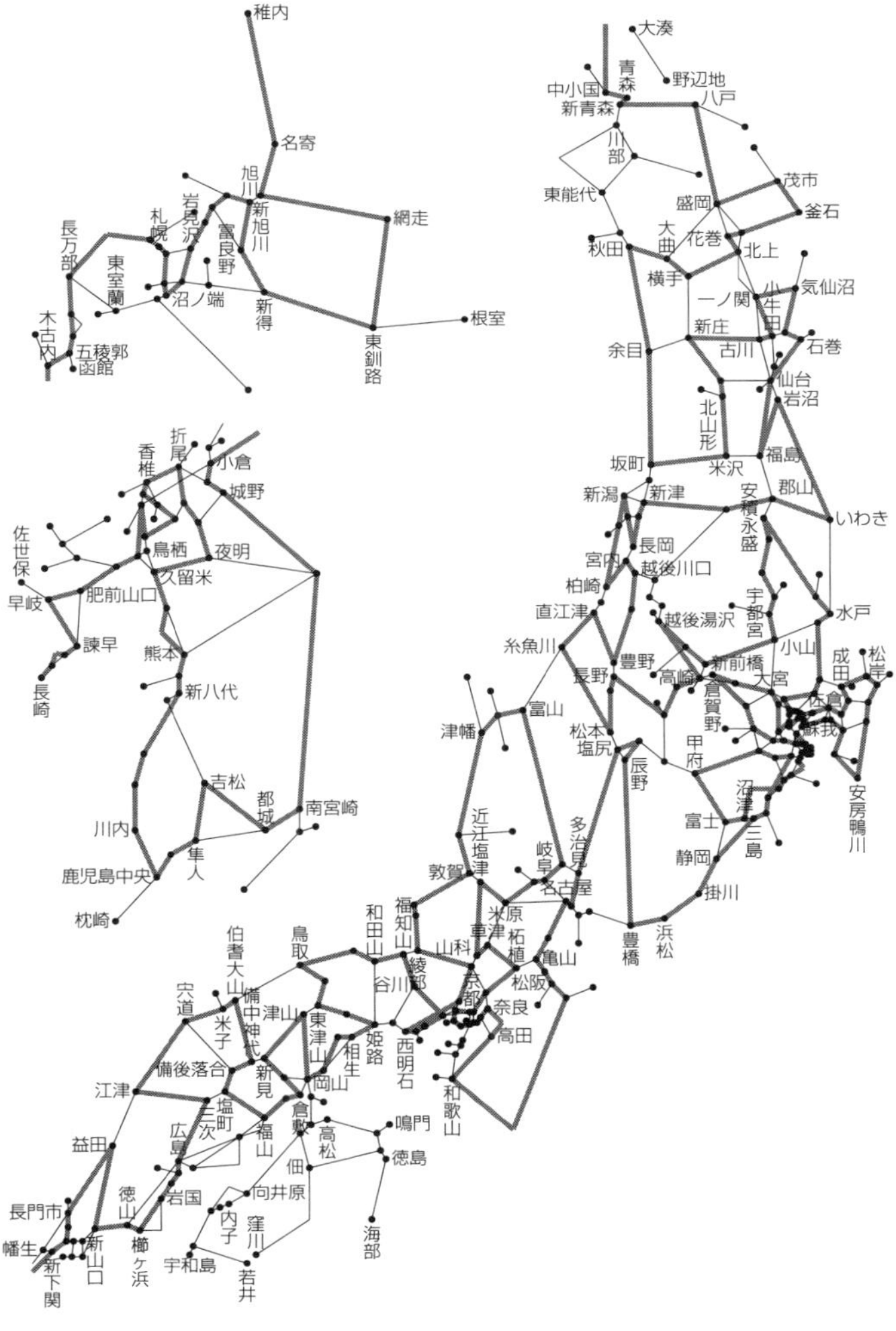
稚内
名寄
旭川
新旭川
網走
岩見沢
札幌
富良野
長万部
東室蘭
沼ノ端
新得
根室
木古内
五稜郭
函館
東釧路
大湊
青森
野辺地
中小国
新青森
八戸
川部
東能代
茂市
盛岡
釜石
大曲
花巻
秋田
北上
横手
小牛田
気仙沼
一ノ関
新庄
古川
石巻
余目
仙台
岩沼
北山形
坂町
米沢
福島
新潟
新津
安積永盛
郡山
いわき
長岡
宮内
越後川口
柏崎
宇都宮
直江津
水戸
越後湯沢
糸魚川
小山
豊野
新前橋
成田
松岸
長野
高崎
大宮
倉賀野
佐倉
富山
津幡
松本
塩尻
蘇我
甲府
辰野
沼津
安房鴨川
近江塩津
富士
三島
多治見
岐阜
静岡
敦賀
名古屋
掛川
米原
和田山
福知山
草津
豊橋
浜松
山科
柘植
亀山
伯耆大山
鳥取
綾部
谷川
京都
松阪
宍道
備中神代
津山
奈良
東津山
米子
相生
姫路
西明石
高田
備後落合
新見
岡山
和歌山
江津
塩町
三次
倉敷
福山
鳴門
高松
広島
益田
佃
徳島
徳山
岩国
向井原
長門市
内子
窪川
海部
幡生
新山口
櫛ヶ浜
宇和島
新下関
若井
折尾
香椎
小倉
城野
佐世保
鳥栖
夜明
久留米
早岐
肥前山口
諫早
熊本
長崎
新八代
吉松
都城
南宮崎
川内
隼人
鹿児島中央
枕崎

図6-9　最終結果

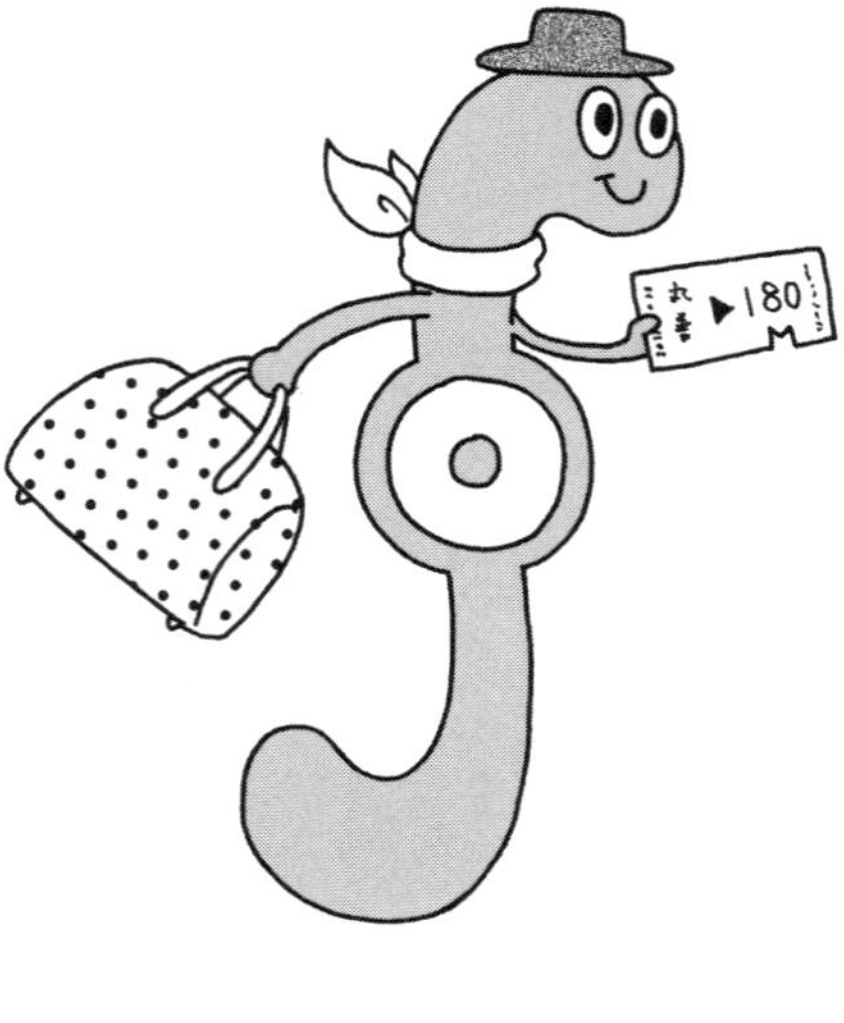
丸善 ▶180

7

負けにくい戦略とゲーム理論

「グリコゲーム」で負けない方法

子どもたちの遊びに、「グリコゲーム」というゲームがあります。

グリコゲームは、じゃんけんをし、勝った者が、グーで勝ったら「グ、リ、コ」で3歩、チョキで勝ったら「チ、ヨ、コ、レ、ー、ト」で6歩、パーで勝ったら「パ、イ、ナ、ツ、プ、ル」で6歩進むことができるゲームです。あいこの場合には、どちらも進めません。

さて、このグリコゲーム。勝負を有利にするには、どのような方法があるでしょうか。とはいっても、人数によっても状況が違うでしょうし、大股で歩いたら有利ということも言えるでしょうから、条件を次のようにします。

・2人で勝負する。
・歩幅は同じとする。
・30回じゃんけんをして(あいこも含む)、その時点で多く進んでいたほうが勝利とする。進んだ歩数が同じであれば、引き分けとする。

一見、チョキを多く出すと有利になるように思われます。というのは、チョキを出せば勝ったら自分は6歩進み、負けても相手は3歩進むだけですから、勝ち負けの回数が同じくらいでも、かなり有利になります。

そこで、30回のじゃんけんですべてチョキを出すことにしてみましょう。もし相手がグー、チョキ、パーを10回ずつ出すとしたらどうなるでしょうか。相手はグーで10回勝ち、3×10の30歩進みます。そして、自分は相手のパーで10回勝ち、6×10の60歩進みます。これなら、60対30で自分が圧勝です。

しかし、実際にはこんなふうにうまくはいかないでしょう。自分がひたすらチョキを出し続けていたら、相手も考えてグーを多く出すようになるのではないでしょうか。仮に相手がグーを20回出し、チョキとパーを5回ずつにしたら、相手が60歩、自分が30歩進み、惨敗となってしまいます。さらに言えば、相手がいちかばちかですべてグーを出してきたら、90対0の完敗となります。

結局、すべてチョキを出すような極端なやり方では、相手に対応されたときに大負けすることになります。逆に言えば、うまくバランスをとれば、大負けする可能性は低くなるでしょう。

たとえば、グー、チョキ、パーを同じ割合で出すことにしましょう。相手もグー、チョキ、パーを同じだけ出すとすれば、両者全く同じ条件ですから、理論的には引き分けが期待されることになります。相手が極端にいずれかの手ばかりを使うと、次のようになります。

・相手がグーばかりを出す場合
相手はグーで10回勝ち30歩進み、自分はパーで10回勝ち60歩進むので、自分が勝ち。
・相手がチョキばかりを出す場合
相手はチョキで10回勝ち60歩進み、自分はグーで10回勝ち30歩進むので、相手の勝ち。
・相手がパーばかり出す場合
相手はパーで10回勝ち60歩進み、自分はパーで10回勝ち60歩進むので、引き分け。

グー、チョキ、パーを同じ確率で出すとよさそうなのですが、相手がチョキばかり出すとけっこう負けてしまいます。

もっと、負けにくい方法はないのでしょうか。

もちろん、自分がじゃんけんをするときに癖をもっていて、相手がその癖を見抜いている場合には、大敗するのは当然です。ここでは、相手に手を見破られることはないとして、グー、チョキ、パーをどのような確率で出すことにすれば負けにくいかを考えていきましょう。

このように、相手や状況がどのようになっても、負けを最小限にすることが期待される方法を、ゲーム理論では「**ミニマックス戦略**」と言います。最大（max）の損失を最小（mini）

にする戦略という意味です。言い換えると、いちかばちかで大勝利を目指すのでなく、負けても負け幅をできるだけ小さくしようという戦略です。

では、グリコゲームにおけるミニマックス戦略は、どのようにして求められるでしょうか。もちろん、いきなり数式を立てて計算する、ということも可能です。しかし、納得するためには少し回り道をして、シミュレーションをするとよいでしょう。実際のグリコゲームをひたすら繰り返すのは時間的に大変ですし、体力も必要です。そこで、パソコンの表計算ソフトを使ってシミュレーションしてみましょう。

まず、自分と相手がそれぞれ一定の確率でグー、チョキ、パーを出すと仮定して、30回のじゃんけんを行い、結果を調べるということを繰り返してみましょう。

やってみるとわかりますが、グー、チョキ、パーの比率を自分も相手も微妙に調整していると、勝ったり負けたりということになりやすく、厳密にどうなれば負けにくいのかの判断が難しくなります。

そこで、1回ごとのじゃんけんをシミュレートするのをやめ、30回勝負をしたときにどれだけ勝つ／負けることが期待されるのかを、計算で求めてみましょう。すなわち、自分と相手のグー、チョキ、パーの比率を定め、その条件で、自分が進む歩数が相手が進む歩数より何歩多いかの期待値を求めるのです（相手が勝つときには期待値は負の値になります）。

比	グー	チョキ	パー
自分の手の割合	1	2	3
相手の手の割合	2	5	3

回数	自分	相手	結果	点数
1	パー	チョキ	パー負け	−6
2	グー	チョキ	グー勝ち	7
3	チョキ	グー	チョキ負け	−7
4	チョキ	パー	チョキ勝ち	6
5	パー	グー	パー勝ち	6
6	チョキ	グー	チョキ負け	−7
7	パー	チョキ	パー負け	−6
8	グー	チョキ	グー勝ち	7
9	パー	チョキ	パー負け	−6
10	チョキ	チョキ	あいこ	0
11	グー	チョキ	グー勝ち	7
12	パー	チョキ	パー負け	−6
13	チョキ	グー	チョキ負け	−7
14	パー	チョキ	パー負け	−6
15	チョキ	チョキ	あいこ	0
16	チョキ	チョキ	あいこ	0
17	チョキ	チョキ	あいこ	0
18	チョキ	チョキ	あいこ	0
19	チョキ	グー	チョキ負け	−7
20	パー	グー	パー勝ち	6
21	チョキ	パー	チョキ勝ち	6
22	チョキ	チョキ	あいこ	0
23	パー	チョキ	パー負け	−6
24	パー	チョキ	パー負け	−6
25	パー	パー	あいこ	0
26	グー	チョキ	グー勝ち	6
27	チョキ	パー	チョキ勝ち	6
28	チョキ	パー	チョキ勝ち	6
29	パー	チョキ	パー負け	−6
30	パー	チョキ	パー負け	−6
			〈合計点数〉	−19

自分		相手	
グーの数	5	グーの数	6
チョキの数	14	チョキの数	20
パーの数	12	パーの数	5

表7-1　グリコゲームシミュレーションの例

自分の手	自分の回数	相手の手	相手の回数		1戦の結果	予想される合計点
グー	5	グー	1	・・・	0	0
		チョキ	2.5	・・・	3	7.5
		パー	1.5	・・・	−6	−9
チョキ	10	グー	2	・・・	−3	−6
		チョキ	5	・・・	0	0
		パー	3	・・・	6	18
パー	15	グー	3	・・・	6	18
		チョキ	7.5	・・・	−6	−45
		パー	4.5	・・・	0	0
					＋）	−16.5

↑
予想される自分の合計点数

手	自分の比	回数（30回中）
グー	1	5
チョキ	2	10
パー	3	15

手	相手の比	回数（30回中）
グー	2	6
チョキ	5	15
パー	3	9

表7-2　自分と相手の“手”の確率を決めたときの合計得点の期待値を求める

このとき、相手が極端に同じ手ばかり出すことを想定すると、ミニマックス戦略を見つけやすい、ということもわかるはずです。

自分の比率をうまく調整すると、相手のグー、チョキ、パーの比率がどうであれ、期待値が0、すなわち引き分けが期待できる、ということになります。

4章では証明のことを扱っていますが、予測を立てることができなければ証明もできないので、試行錯誤をして予測を立てることも、数学では重要です。ここで行っているように、コンピューターを使えば大量の試行錯誤を短時間に行うことができ、予測を立てることも容易になります。

ただし、予測を立てて終わりというわけにはいきませんので、ここまでやってきたことを活かして、グリコゲームにおけるミニマックス戦略についての証明を試みましょう（次ページ参照）。

結局、グーとチョキをやや多めに、パーを少なく出すことが、グリコゲームにおけるミニマックス戦略となることがわかりました。勝って6歩進むことができ、負けても相手は3歩しか進まないチョキを多く出すことは直感的にも納得できるかもしれませんが、勝っても3歩しか進まないグーも多く出す必要があるというのは納得しにくいかもしれません。強力な手である相手のチョキを封じるところにグーの価値がある、というところでしょうか。

グリコゲームのミニマックス戦略の説明

・自分がグー、チョキ、パーを出す確率をそれぞれ a、b、c、相手がグー、チョキ、パーを出す確率を p、q、r とします。

・自分が　グーで勝つ確率は、$\dfrac{a}{a+b+c}\times\dfrac{q}{p+q+r}$

　チョキで勝つ確率は、$\dfrac{b}{a+b+c}\times\dfrac{r}{p+q+r}$

　パーで勝つ確率は、$\dfrac{c}{a+b+c}\times\dfrac{p}{p+q+r}$

・相手が　グーで勝つ確率は、$\dfrac{b}{a+b+c}\times\dfrac{p}{p+q+r}$

　チョキで勝つ確率は、$\dfrac{c}{a+b+c}\times\dfrac{q}{p+q+r}$

　パーで勝つ確率は、$\dfrac{a}{a+b+c}\times\dfrac{r}{p+q+r}$

・1回のじゃんけんあたり、自分が相手より次の歩数だけ進むことが期待できる。

$$3\times\frac{a}{a+b+c}\times\frac{q}{p+q+r}+6\times\frac{b}{a+b+c}\times\frac{r}{p+q+r}$$
$$\times 6\times\frac{c}{a+b+c}\times\frac{p}{p+q+r}-3\times\frac{b}{a+b+c}\times\frac{p}{p+q+r}$$
$$-6\times\frac{c}{a+b+c}\times\frac{q}{p+q+r}-6\times\frac{a}{a+b+c}\times\frac{r}{p+q+r}$$

・整理すると、

$$(aq+2br+2cp-bp-2cq-2ar)\times\frac{3}{(a+b+c)(p+q+r)}$$
$$=((2c-b)p+(a-2c)q+(2b-2a)r)\times\frac{3}{(a+b+c)(p+q+r)}$$

・$a,b,c,p,q,r\geqq 0$ であることから、右の式の値は次のときに p,q,r の値によらず0以下となる。

$2c-b\leqq 0$、$a-2c\leqq 0$、$2b-2a\leqq 0$

・このとき、$2c\leqq b$、$a\leqq 2c$、$b\leqq a$ であり、これらをすべて満たすのは $a=b=2c$ のときのみとなる。

・よって、自分がグー、チョキ、パーを2：2：1の比率で出せば相手がどのような比率でグー、チョキ、パーを出しても引き分けが期待されることとなり、これがグリコゲームにおけるミニマックス戦略となることが証明された。

ミニマックス戦略は、リスク（危険性）を分散して、どんな状況になろうと集中して問題が起きないようにする発想の戦略と言えます。このような考え方は、次のようなことにも応用できます。

・海外旅行等で現金やカードを複数に分けてもっていくこと。
・野球やサッカーで、レギュラー以外の選手にも一定の出場機会をつくっておくこと。
・保険への加入。
・同時に暴落が起きにくいような複数の企業の株を購入する「ポートフォリオ」での投資。

いずれも、一見、効率が悪かったり費用がかかったり大きく利益を得ることが難しかったりと、問題があるように思えます。しかし、どんな状況でも大きな問題が生じないようにしているわけで、ミニマックス戦略と通じる発想と言えます。

ギャンブルと期待値

グリコゲームにおけるミニマックス戦略をとると、相手がどのような比率でグー、チョキ、パーを出しても引き分けが期待されることがわかりました。なんだ引き分けかと思うかもしれませんが、グリコゲームには「最悪でも必ず勝つ」という方法はありません。

こんな単純なことも、背理法で証明することが可能です。

・グリコゲームに「相手がどのような比率でグー、チョキ、パーを出しても勝つ方法」があると仮定する。

・自分と相手の両方がこの手を使えば、自分も勝ち、相手も勝つことが可能である。しかし、グリコゲームで両者がともに勝つことはないので、矛盾が生じる。

・よって最初の仮定は誤りで、グリコゲームに「相手がどのような比率でグー、チョキ、パーを出しても勝つ方法」等ないことが証明された。

一般に、相手と勝敗を争うゲームでは、必ず勝つ方法等ないと考えられます。自分が必ず勝つようなゲームでは、ゲームとは言いがたいですね。

ギャンブルの場合には、必勝法がありえないどころか、「最悪でも収支ゼロ」という戦略がないことが一般的です。ギャンブルやそれに類するもの（宝くじ等）では、主催者側が一定の利益を得るようになっていますから、参加者・購入者等の側で見ると、平均すれば必ず損をすることになります。費用を１００使ったときの利益の期待値は、以下の通りです。（『確

率・統計であばくギャンブルのからくり』谷岡一郎（講談社ブルーバックス））

宝くじ　46・8％未満
スポーツくじ（toto）　50％
公営レース（競馬等）　75％

しかし、ちまたでは、「ギャンブル必勝法」なるものが出回っています。それは、最初は小さく賭け、負けたら賭け金を増やしていき、1回でも勝ったらそこで終了するというものです。

たとえば、次のようなギャンブルがあるとしましょう。

・賭け金は1口100円。
・当たる確率は25％。
・当たったら200円が得られる（つまり100円の利益）。外れたら賭け金没収のみ。

このギャンブルで1口賭けて得られる額は、4回に3回は0円、4回に1回は200円であり、平均すると50円ということになります。つまり、賭け金１００円あたり得られる金額の期待値は50円です。宝くじやtotoに近い期待値です。

このギャンブルの場合、「必勝法」は次のようになります。

・最初は１００円賭ける。当たったら２００円を得て終了（１００円の利益）。
・最初に外れたら、2回目は２００円賭ける。当たったら４００円を得て終了（最初の１００円と合わせて３００円使っているので、１００円の利益）。
・2回目も外れたら、3回目は４００円賭ける。同様に、外れたら次は前の2倍の額を賭け、当たったらその時点で終了する。

この方法は、「**マーチンゲール法**」とよばれます。当たるまでやれば必ず１００円儲かるのですから、たしかに必勝法のように思えます。

しかし、もちろんそんなにおいしい話はありません。マーチンゲール法では、賭け金に使えるお金が無限にあり、当たるまで無限に賭けを続けられるなら、確実に儲かると言えるでしょう。しかし、実際には賭け金が無限にあるわけではないですし、賭けが打ち切りになることもありえます。

回	賭け金（円）	確率
1	100	100.00 %
2	200	75.00 %
3	400	56.25 %
4	800	42.19 %
5	1,600	31.64 %
6	3,200	23.73 %
7	6,400	17.80 %
8	128,00	13.35 %
9	25,600	10.01 %
10	51,200	7.51 %
11	102,400	5.63 %
12	204,800	4.22 %
13	409,600	3.17 %
14	819,200	2.38 %
15	1,638,400	1.78 %
16	3,276,800	1.34 %
17	6,553,600	1.00 %
18	13,107,200	0.75 %
19	26,214,400	0.56 %
20	52,428,800	0.42 %

表7-3　マーチンゲール法で負け続けると…

先ほどの例では、各回の賭け金と、そこまで到達する確率は、表7‐3のようになります。10回やって全部外れる確率は5％以上あり、それでも続けるなら10万円以上を賭ける必要があります。１００円の利益のためにそこまでするのか、と感じられるでしょう。

マーチンゲール法の問題は、うまくいっても儲けが非常に少なく、大勝することは決してないということです。結局、利益がぎりぎりに出るようにして、損をする危険性を小さくしていると言えるでしょう。

となると、逆の考え方もできることになります。つまり、少ない損失が出ることを覚悟して、あわよくば大儲けをしようという考え方です。このような考え方にもとづく戦略として、**「逆マーチンゲール法」**とよばれる戦略があります。

先のギャンブルにあてはめると、逆マーチンゲール法は次のようになります。

・最初は100円賭ける。
・当たったら次は倍額賭ける。外れたら次はまた賭け金を100円に戻す。
・「累積5回外れるか4回続けて当たったらやめる」等と決めておく。
・すると、累積5回外れた場合には500円の損、4回続けて当たった場合には1200円以上の得となります。

回	結果
1	×
2	○
3	○
4	○
5	×
6	×
7	○
8	×
9	×

表7-4　このような状況では…

たとえば、表7-4のような状況になったとしましょう。

1回目は外れて100円の損。2回目は

100円を賭けて200円得るので、累積でプラスマイナスゼロ。3回目は200円賭けて400円得るので、200円の得。4回目は400円賭けて800円得るので、累積600円の得となります。ここでやめておけばよいのですが、5回目に800円賭けて外れると、累積200円の損となってしまいます。

6回目は賭け金を100円に戻して外れ、累積300円の損。7回目は100円賭けて当たり、累積200円の損。8回目は200円賭けて外れ、累積400円の損。9回目も100円賭けて外れ、累積500円の損。ここで5回負けたので終了となります。

この方法では、外れるとその時点では必ず損となり、累積で外れ1回あたり100円の損となります。他方、続けて当たると利益が多くなっていきます。

もちろん、何回も続けて当たる確率は低いのですが、少しずつ損を重ねても続けて当たるまで行うことで、うまくいけば多くの利益を得られる可能性がある、というわけです。

どちらにしても、賭け金あたりの利益の期待値が50％という設定では、確実に大きな利益が出る戦略などありえません。戦略で選べるのは、小さい儲けをかなり高い確率で出すか、小さい損を覚悟してうまくいけば大きい利益を生じさせるか、ということになります。

ギャンブルで当たりが続くと、「自分はツイている」等と考え、賭けからおりることが難しくなります。あるいは、外れが続くと、「今度こそ当たるだろう」と考えて賭けを続け、さらに損を増やすこともあります。しかし、数学的に見れば、続けて当たることもある程度の確率で生じますし、続けて当たったからと言って次にまた当たる確率が高くなるわけではありません。また、続けて外れていても、当たる確率が変わるわけでもありません。

カード集めを数学的に見る

最後に、昔から子どもにとって魅力的である「カード集め」について考えてみましょう。漫画のキャラクターやプロ野球選手のカードがおまけについている、スナック菓子があります。自分の好みのカードを集めたり、人気の高いカードを集めたりすることができます。最近は、アイドルグループのCDに特定のメンバーのカードがついていたり、ネットゲームで抽選によってカードを買うことができたりもします。

たとえば、カードが50種類あり、すべて同じ確率で出てくるとします。そして、その中の6種類がお目当てのカードだとしましょう。いったい何枚くらいのカードを獲得すれば、6種類のカードをそろえることができるでしょうか。

まず、単純にわかるのは、お目当てのカードの最初の1枚は、まあまあ早く獲得できるということです。50種類中6種類がお目当てのカードですから、逆に言えばお目当てでないカードは50種類中44種類、お目当てでないカードが出る確率は0・88、すなわち88%です。1

回	お目当て 0 枚	お目当て 1 枚以上
1	88.00 %	12.00 %
2	77.44 %	22.56 %
3	68.15 %	31.85 %
4	59.97 %	40.03 %
5	52.77 %	47.23 %
6	46.44 %	53.56 %
7	40.87 %	59.13 %
8	35.96 %	64.04 %
9	31.65 %	68.35 %
10	27.85 %	72.15 %
11	24.51 %	75.49 %
12	21.57 %	78.43 %
13	18.98 %	81.02 %
14	16.70 %	83.30 %
15	14.70 %	85.30 %
16	12.93 %	87.07 %
17	11.38 %	88.62 %
18	10.02 %	89.98 %
19	8.81 %	91.19 %
20	7.76 %	92.24 %

表7-5　お目当てのカードが出ない確率

枚でもお目当てのカードが出る確率は、お目当てでないカードばかりが出る確率を1から引いた者なので、簡単に計算できます（n回続けてお目当てでないカードが出る確率は、0・88をn乗したものとなります）。表7-5のようになります。

6枚目までにお目当てのカードが出る確率は50%を越えていて、13枚目までに80%以上、

19枚目までに90％以上の確率で、お目当てのカードが出ることになります。多くの人が、「意外と早くお目当てのカードが出た」と感じるのではないでしょうか。

6枚目でお目当てのカードを獲得した人は、「この調子ならこの数倍のカードを獲得すればお目当てのカード6枚がそろえられそうだ」と感じるかもしれません。しかし、注意が必要です。この場合、同じカードを2枚以上集めても意味がないので、すでに1種類お目当てのカードを獲得している人にとっては、残るお目当てのカードは5種類しかありません。2種類お目当てのカードを獲得すれば、残りは4種類。このように残るお目当てのカードの種類は減っていき、お目当てのカードが出る確率も減っていくのです。

つまり、このカード集めには、最初は当たりやすく徐々に当たりにくくなるという、はっきりした「ビギナーズラック」があるのです。ご承知のように、最初に当たって快感を得た人は、その後はなかなか快感が得られなくても、最初の快感が忘れられずに、挑戦をやめられなくなります。気がついたら、6種類のカードの獲得のために、莫大な資金を投入していた、等ということになりえます。

お目当てのカードが2種類以上出る確率についても、計算してみましょう。この計算には、かなり手間がかかります。パソコンの表計算ソフトで計算するとよいでしょう。

表計算ソフトの強みは、同様の計算を大量に繰り返すことを、瞬時に行えるところにあります。次のように考えると、各回でお目当てのカードが何枚出ているかの確率を順次求めることができます。

①1回目終了後は、お目当てのカード0枚の確率が88％、1枚の確率が12％、2枚以上の確率は0％。

②2回目以降については、真上のセル（マス目）の数値にお目当てのカードが出ない確率を掛けたものと、左上のセルの数値にお目当てのカードが出る確率を掛けたものの和を計算していく。

この方法で、201回までの確率を計算すると、次のようになります（表7-6）。10枚までにお目当てのカードが1種類以上出る確率は70％以上なので、6種類なら60枚くらいで出るかと思うと、そう甘くはありません。60枚までにお目当てのカードが6種類そろう確率はわずか11％ほどです。6種類そろう確率が70％に到達するのは142枚目、90％に到達するのは201枚目。最初はお目当てのカードが出やすく、それがどんどん出にくくなる、ということが明白です。

試しに、表計算ソフトを活用して、シミュレーションをしてみました。すると、お目当て

回	お目当て0枚	お目当て1枚	お目当て2枚	お目当て3枚	お目当て4枚	お目当て5枚	お目当て6枚
1	88.00%	12.00%	0.00%	0.00%	0.00%	0.00%	0.00%
2	77.44%	21.36%	1.20%	0.00%	0.00%	0.00%	0.00%
3	68.15%	28.52%	3.24%	0.10%	0.00%	0.00%	0.00%
4	59.97%	33.84%	5.83%	0.35%	0.01%	0.00%	0.00%
5	52.77%	37.65%	8.75%	0.80%	0.03%	0.00%	0.00%
6	46.44%	40.22%	11.82%	1.45%	0.07%	0.00%	0.00%
7	40.87%	41.77%	14.89%	2.31%	0.16%	0.00%	0.00%
8	35.96%	42.50%	17.88%	3.36%	0.29%	0.01%	0.00%
9	31.65%	42.57%	20.70%	4.59%	0.48%	0.02%	0.00%
10	27.85%	42.11%	23.30%	5.97%	0.74%	0.04%	0.00%
⋮	⋮	⋮	⋮	⋮	⋮	⋮	⋮
58	0.06%	0.97%	6.15%	19.74%	33.79%	29.26%	10.03%
59	0.05%	0.88%	5.76%	19.05%	33.62%	30.03%	10.61%
60	0.05%	0.80%	5.39%	18.37%	33.42%	30.77%	11.21%
61	0.04%	0.72%	5.04%	17.70%	33.18%	31.49%	11.83%
62	0.04%	0.66%	4.71%	17.04%	32.92%	32.19%	12.46%
⋮	⋮	⋮	⋮	⋮	⋮	⋮	⋮
140	0.00%	0.00%	0.01%	0.11%	3.98%	26.57%	69.15%
141	0.00%	0.00%	0.01%	0.30%	3.84%	26.19%	69.68%
142	0.00%	0.00%	0.01%	0.26%	3.70%	25.82%	70.20%
143	0.00%	0.00%	0.01%	0.25%	3.57%	25.45%	70.72%
144	0.00%	0.00%	0.01%	0.23%	3.44%	25.09%	71.23%
145	0.00%	0.00%	0.01%	0.22%	3.32%	24.72%	71.73%
⋮	⋮	⋮	⋮	⋮	⋮	⋮	⋮
199	0.00%	0.00%	0.00%	0.01%	0.42%	9.91%	89.67%
200	0.00%	0.00%	0.00%	0.01%	0.40%	9.72%	89.87%
201	0.00%	0.00%	0.00%	0.01%	0.39%	9.55%	90.06%

表7-6　お目当てのカードが出る枚数の確率の推移

のカードがそろうまでの枚数は次のようになりました。計算して求めた理論上の期待値も示しておきます（表7－8）。

この表を見ると、数枚で新しい種類のカードを得られることがある一方で、100枚近くずっと新しい種類のカードが得られないことがあることがわかります。ツイているときの快感が忘れられず、ツイていないときが続いてもなかなか諦めきれない、という状況に陥りやすいことがわかります。

このようにカード集めには、最初の数枚は簡単に集まるのに

回	お目当て1枚目	お目当て2枚目	お目当て3枚目	お目当て4枚目	お目当て5枚目	お目当て6枚目
1	4	24	63	71	73	163
2	12	28	29	38	59	62
3	5	12	15	20	29	89
4	2	9	11	19	31	34
5	9	23	40	69	75	166
6	3	22	29	34	90	92
7	12	16	29	41	54	71
8	4	21	25	44	97	121
9	2	16	71	73	110	116
10	9	13	17	38	41	53
期待値	6.20	18.40	32.90	44.70	65.90	96.70

表7-8　表計算ソフトによるシミュレーションの結果

完成は難しいという特徴があり、人を惑わせやすいものです。日本の景品表示法という法律にもとづく「一般消費者に対する景品類の提供に関する事項の制限」では、この種のカード集めが完成すると新たな賞品が得られるような「**絵合わせ**」とよばれる手法を禁じています。2012年、携帯電話向けソーシャルゲームが提供する「コンプガチャ」とよばれる手法がこの「絵合わせ」に該当することが指摘され、各社が「コンプガチャ」の提供を中止するという出来事がありました。「コンプガチャ」のために数十万円を費やした人がいるそうですが、そうなってしまうこともここまでの検討から理解できますね。

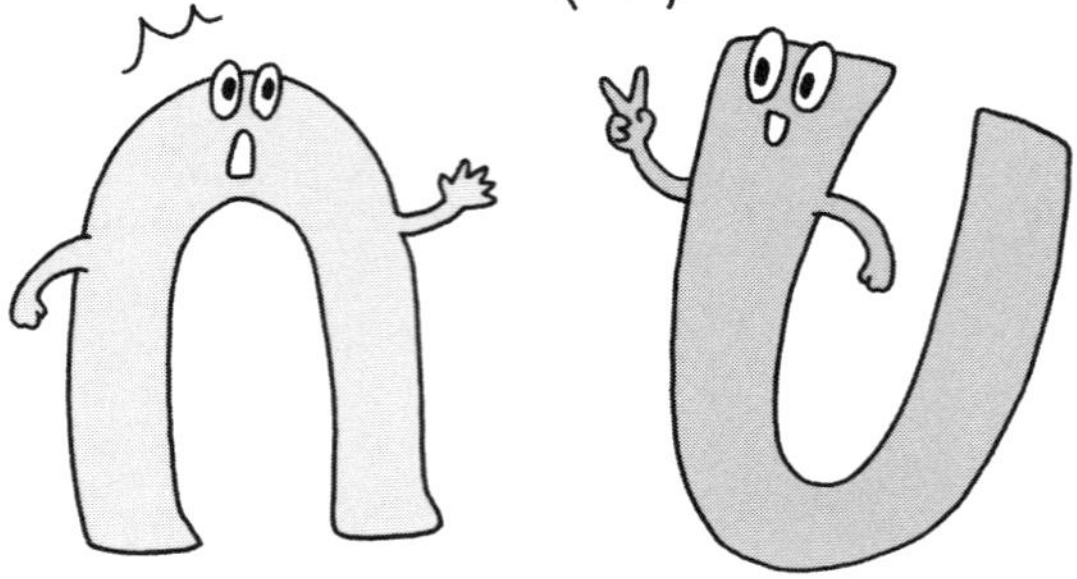

8

統計を読み解く

——視聴率から犯罪まで

統計の向こう側の現実

2011年暮れ、日本テレビ系の連続ドラマ「家政婦のミタ」の高視聴率が話題となりました。12月21日に放送された最終回の視聴率（関東地区）は40・0％。連続ドラマの視聴率が40％に到達したのは21世紀になって初めてとのことでした。

この視聴率は、統計の一種です。統計とは、種々の要素について数量的に調べることによって、全体の状況を明らかにしようとする営み、あるいはそのような営みによって示されたデータのことを言います。視聴率は、人々のテレビ視聴の状況を調べた統計です。「家政婦のミタ」が視聴率40％であるということは、（他の番組より）非常に多くの世帯において「家政婦のミタ」が見られていたという現実を示していると言えます。

ただし、統計は現実そのものではありません。統計は現実の一部分のみを表しているだけですし、もしかしたら現実を誤って表しているのかもしれません。

では、「家政婦のミタ」の視聴率40・0％は、現実をどのように表していると言えるでしょうか。

2013年時点で、日本でテレビの視聴率を調査しているのは、ビデオリサーチという会社1社のみです。ビデオリサーチは地域内のすべての世帯について、テレビ視聴状況を調べているわけではありません。ビデオリサーチは、全体の中の一部を抽出して調査する「**サン**

プリング調査」の手法で、視聴率を推計しています。関東地方約1700万世帯のうち、ビデオリサーチが視聴状況を調べているのは600世帯で、ビデオリサーチはこの600世帯の状況から関東地方全体の状況を推定していることになります。このことから、視聴率が40・0%という数値が意味するのは、ビデオリサーチが調べている600世帯の人々のうち40・0%の240世帯の人々が「家政婦のミタ」最終回を見ていた、ということであるとわかります。

もっと厳密に考えてみましょう。

まず、番組の視聴率は放送時間全体の平均視聴率であることに注意する必要があります。ビデオリサーチでは、1分単位で視聴率を測っています（毎分視聴率）。毎分視聴率では、番組終盤で最高の42・8%の瞬間視聴率が記録されたとのことです。あくまでも1分ごとで測った平均が40・0%ということですから、見ていた世帯が40%未満だった時間帯も40%を超えていた時間帯もあったと考える必要があります。

また、視聴率が40・0%であったからといって、実際に見ていた人が40・0%であったかどうかについては、なんとも言えません。世帯視聴率の調査は世帯ごとに取り付けられた機械によって行われます。たとえば4人家族の世帯のうち4人が見ていても1人しか見ていなくても同じカウントとなりますし、テレビがついてさえいれば人が見ていなくても試聴されたものとしてカウントされます。録画してあとから視聴する場合や、携帯電話等のワンセグ放送で視聴する場合については、見ている人がいても視聴率にはカウントされません。

結局、「家政婦のミタ」最終回の視聴率が４０・０％であったということは、厳密には次のことを意味していることとなります。


ビデオリサーチの調査対象である６００世帯のうち、平均するとその４０・０％の世帯で、「家政婦のミタ」がリアルタイムで映っていた。


こんなふうに考えると、視聴率４０・０％といっても実際にはどれだけの人が見ていたかはわからず、こんな視聴率等という数値はあてにならないと思うかもしれません。関東地方で６００世帯しか調べていないというのは、いかにも少なすぎるようにも思われます。実際に見ていた世帯は30％くらいだったのではないか、等と勘ぐってみたくなります。

では、実際に見ていた世帯は30％くらいだった等ということがありうるのでしょうか。たまたまビデオリサーチが対象にした世帯の中に「家政婦のミタ」が好きな人のいる世帯が多かったので、数字がとても高く出てしまった、ということはないのでしょうか。

この問いは、次のように表すことができます。

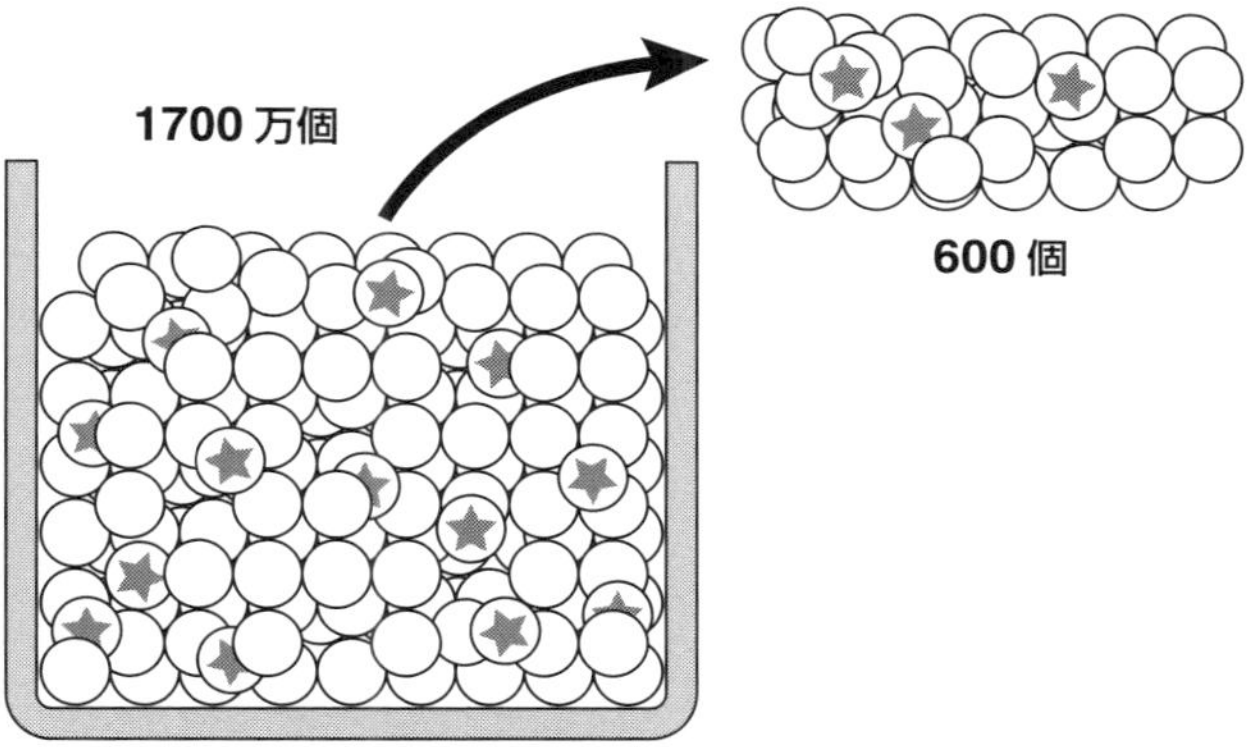

図8-1　実際には30%しかないものが、抽出したために40%ある？

関東地方約1700万世帯の30％にあてはまることが、そこから抽出された600世帯には40％以上あてはまるということが、どの程度の確率で起こるのだろうか？

これはすなわち、1700万個の球（そのうち3割の510万個には☆がついている）が混じっている中から600個の球をとったとき、その中に☆のついた球が40％の240個以上入っている確率はいくらか、ということと同じです（図8－1）。

どうも数が多くて考えにくいので、数を小さくして考えてみましょう。たとえば、20個の球がありそのうち6個に☆がついているとして、そこから5個の球を取り出してそのうち2個以上に☆がついている確率はいくつでしょうか。

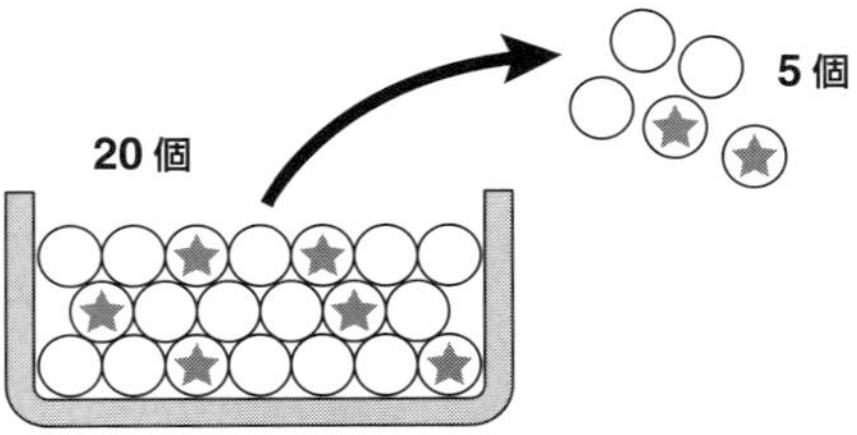

図8-2　数を少なくして考えてみると…

わかりやすくするために、球に1番から20番までの通し番号をつけておきます。1番から6番までが☆のついている球です。

1番から20番までの球から5個を取り出す方法の数は、$_{20}C_5$と表現されます。これは、(20×19×18×17×16)/(5×4×3×2×1)で求められます。順序つきで考えると、1個目の選び方が20通り、それぞれの場合について2個目の選び方が19通り、それぞれの場合についての3個目の選び方が18通り…となり、5個を選ぶ順序は20×19×18×17×16通りとなります。しかし、順序は関係ないので、重複して数えた分で割る必要があります。各選び方について、5×4×3×2×1通り数えているので、これで割るのです。結局、20個の球から5個を選ぶ方法は、$_{20}C_5$ = (20×19×18×17×16)/(5×4×3×2×1) = 15504通りとなります。なお、エクセルでは$_{20}C_5$を計算するのに「=combin (20,5)」と入力します。

このうち、☆をつけた球が2個以上になる場合は何通りあるでしょうか。

☆つきの球が2個あるのは、6個の☆つきから2個を選ぶのが ${}_{6}C_{2}$ 通り、14個の☆なしから3個を選ぶのが ${}_{14}C_{3}$ 通りなので、${}_{6}C_{2} \times {}_{14}C_{3} = 5460$ 通りです。同様に、☆つきが3個あるのが ${}_{6}C_{3} \times {}_{14}C_{2} = 1820$ 通り、4個あるのが ${}_{6}C_{4} \times {}_{14}C_{1} = 210$ 通り、5個あるのが ${}_{6}C_{5} = 6$ 通りです。結局、☆つきの球が2個以上になるのは合計7496通りとなりました。

結局、7496/15504 ＝約48％の確率で☆をつけた球が2個以上となることとなります。20全体では3割しかなかったものが、その中の5個だけ調べると4割となってしまう、ということは半分近くの確率で起こるわけです。

では、1700万世帯から600世帯を選ぶ場合にはどうでしょうか。同じように考えてみ

1700万世帯から600世帯を選ぶ方法は ${}_{17000000}C_{600}$ 通り。…①

1700世帯の30%（510万世帯）が「家政婦のミタ」を見ていたとしたとき、600世帯を選んでその中に「家政婦のミタ」を見ていた世帯が40%以上（240世帯以上）になる方法は、以下の通り。

${}_{5100000}C_{240} \times {}_{11900000}C_{360} + {}_{5100000}C_{241} \times {}_{11900000}C_{359} + \cdots + {}_{5100000}C_{600} \times {}_{11900000}C_{1}$…②

これらから、1700万世帯のうち30%が「家政婦のミタ」最終回を見ていた場合に、抽出した600世帯のうち40%以上が「家政婦のミタ」最終回を見ていた確率は②／①で求められ、これをエクセルで計算したところ、約0.00001%となった。

ましょう。

前ページの囲み部分で示したように、実際には30％の世帯でしか見られていない番組について視聴率40％以上が出る確率はほぼ0に等しいことがわかります。

1700万世帯のうち30％が見ている番組について、600世帯の視聴率が29～31％の範囲におさまる確率は約43％、28～32％の範囲におさまる確率は約73％、27～33％の範囲におさまる確率は約90％、26～34％の範囲におさまる確率は約96％、25～35％の範囲におさまる確率は約99％となります。つまり、視聴率30％程度の番組については、上下4～5％程度の誤差があると言えます。これほど誤差があるなら調査世帯をもっと増やして誤差を小さくしたほうがよいと思われるかもしれませんが、誤差を半分にするには調査世帯を4倍に増やす必要があります。視聴率調査にそこまでのコストをかけることは、難しいようです。

結局、「家政婦のミタ」の最終回の視聴率が40・0％であったというのは、ビデオリサーチの調査対象の世帯で平均40・0％の家庭で「家政婦のミタ」の映像が映っており、関東地方約1700万世帯のうち40％±数％の世帯で「家政婦のミタ」の映像が映っていたことが推測される、ということになります。

統計は、現実そのものでなく、現実の一部分を抽出したものです。統計を見るときには、統計の向こう側の現実を適切に想像することが必要となります。

犯罪統計を読み解く

本書の最後に、数学自体というより、「統計リテラシー」とでも言うべき、統計データの読み方について考えましょう。

まず、次のグラフを見てください。

これを見ると、少年の凶悪犯罪が激増している印象を受けます。実際に、少年による凶悪犯罪が急増していると報じる新聞記事も出ました。

しかし、統計はあくまでも現実の一部を抽出したものに過ぎません。統計の向こう側の現実がどのようであったかを慎重に検討しましょう。

テレビの視聴率は標本調査で、ある程度の誤差を考える必要がありました。他方、犯罪

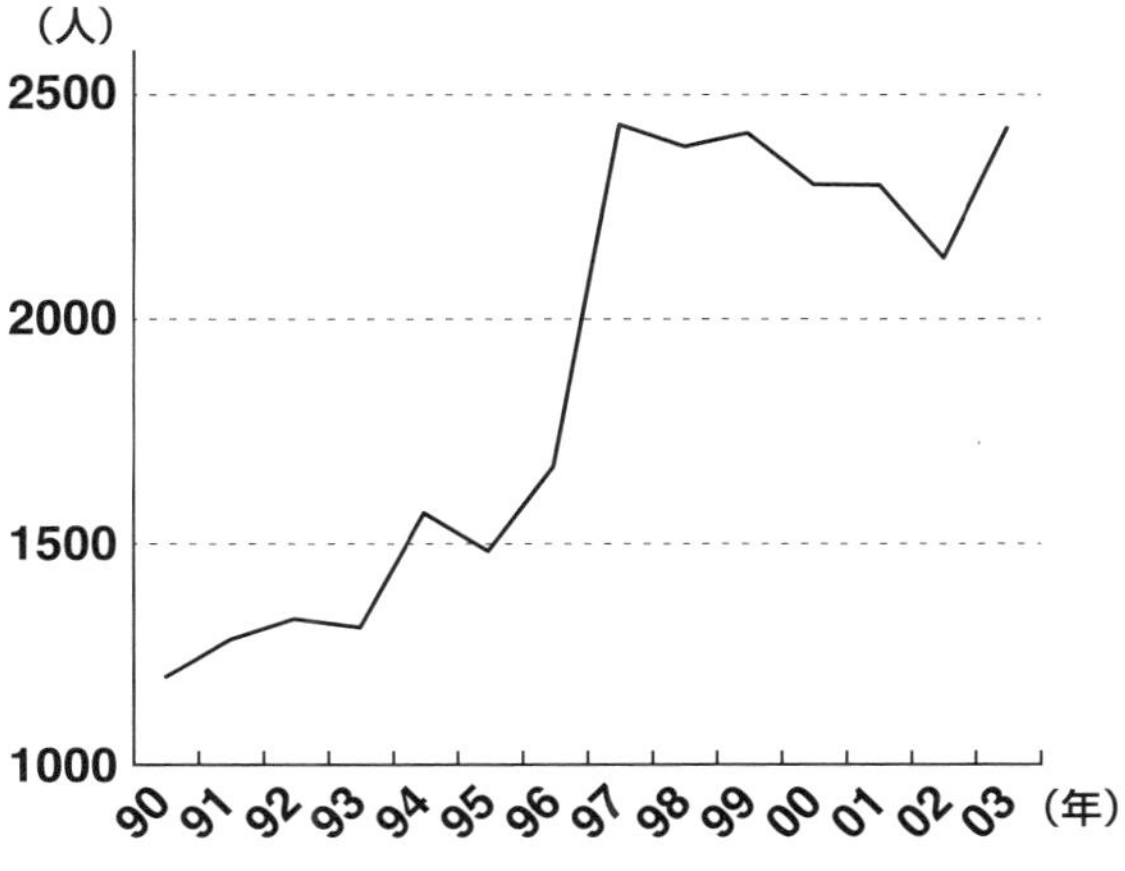

図 8-3　少年による凶悪犯罪の検挙人員の推移（警察庁「犯罪統計」より作成）

統計は基本的に**全数調査**であり、一部のサンプルから全体を推測するようなものではありません。検挙人員が年間2000人というデータがあれば、それは2000人についてすべて調べているので、実は2010人だったとか、1995人だったということは（調査ミスがない限りは）ありません。

しかし、犯罪については、すべての容疑者が検挙されているわけではありませんし、そもそも発覚していない犯罪もあると考える必要があります。実際には発生しているにもかかわらず統計に含まれない数は、「**暗数**」とよばれます。少年の凶悪犯罪の傾向を検討するのであれば、暗数も含めて検討しなければなりません。暗数に極端な増減がないと考えられるのであれば、検挙人員の統計の傾向を少年の凶悪犯罪全体の傾向を反映したものとして考えてよいでしょう。

また、図8-3のグラフでは、縦横の軸に注意する必要があります。縦軸は検挙人員の数を表していますが、いちばん下は0人でなく1000人です。1990年と1998年を比較するとほぼ2倍に増加しているのですが、グラフ上では約6倍に見えてしまいます。

また、横軸は年を表していますが、1990年から2003年までのデータしかないことがわかります。この区間だけ見れば少年による凶悪犯罪の検挙人数が増えていると言えるでしょうが、この期間以外については何も言えないことがわかります。

少年による凶悪犯罪の検挙人員については、１９４６年以降２００９年までデータがありますので、これらのデータを加え、縦軸のいちばん下が０となるようにグラフを作り直すと、図８‐４のようになります。

　これを見ると、少年による凶悪犯罪の検挙人員は、長期的にはかなり減っていることがわかります。２００４年以降も数が減っていて、最初のグラフは数が増えていた時期だけを恣意的に取り出したものと言えそうです。

　なお、統計を長期的に見るときには、前提となる条件の変化に注意することが必要です。少年犯罪を考えるためには、そもそも少年の人口が大きく変わっているということをふまえておく必要があるでしょう。

　期間中の少年の人口の推移は図８‐５のように

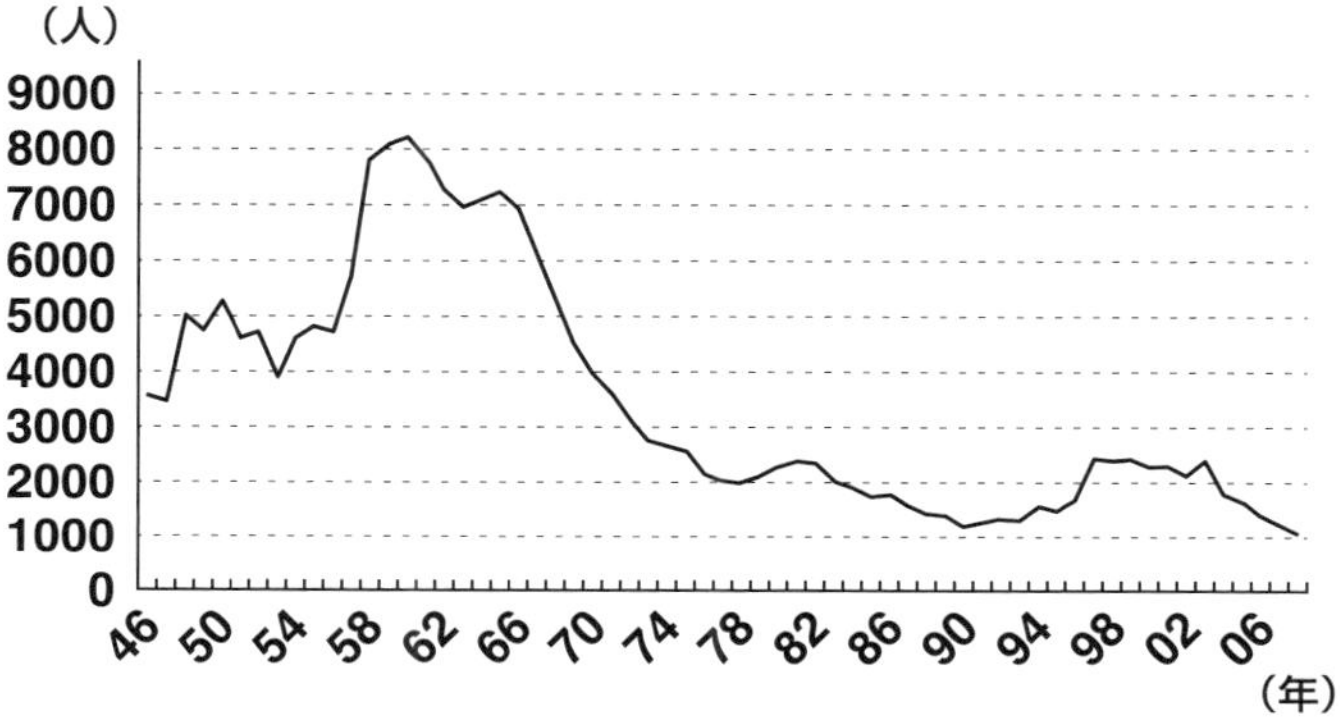

図 8-4　少年による凶悪犯罪の検挙人員の推移（警察庁「犯罪統計」より作成）

なっています。

これを使って、少年人口100万人あたりの凶悪事件検挙人数をグラフにすると、図8-6のようになります。

少年人口の変化をふまえても、傾向について判断を変える必要はなさそうです。

ここまでの検討で、少年による凶悪犯罪の検挙人数は、長期的には減少しているものの、1997年頃、一時的に増加した、ということがわかってきました。当時、現実に何が起こっていたのでしょうか。

ここまで「凶悪犯罪」が何を指すのかを確認していませんでしたが、ここで「凶悪犯罪」というのは、殺人、強盗、強姦、放火の4種類の犯罪を指します。

1990年から2003年までの、これら罪種別の統計は図8-7の通りです。

これを見ると、凶悪犯罪4罪種すべてで検挙人員が増加しているのでなく、強盗のみが目立って増加していることがわかります。そもそも凶悪犯罪の中で強盗の占める割合が高いので、強盗の増減が、凶悪犯罪全体の増減に直接つながるということも言えます。

それにしても、1997年頃、少年による強盗事件の検挙人数が一気に約2倍になったのですから、おだやかではありません。強盗というと、店や家に刃物等をもって押し入り、金品を強奪していく犯罪という印象があります。このような犯罪が急増したのでは、物騒でた

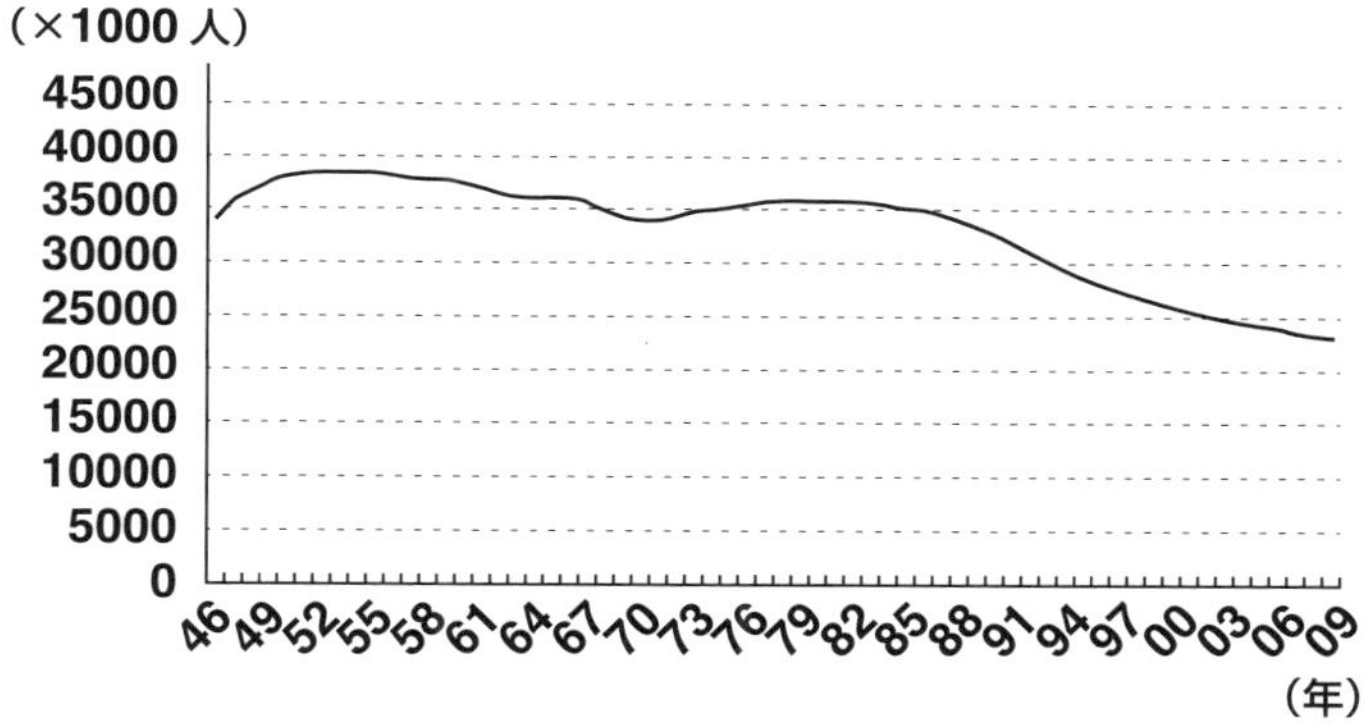

図 8-5　20 歳未満の人口の推移（厚生労働省「人口動態調査」より作成）

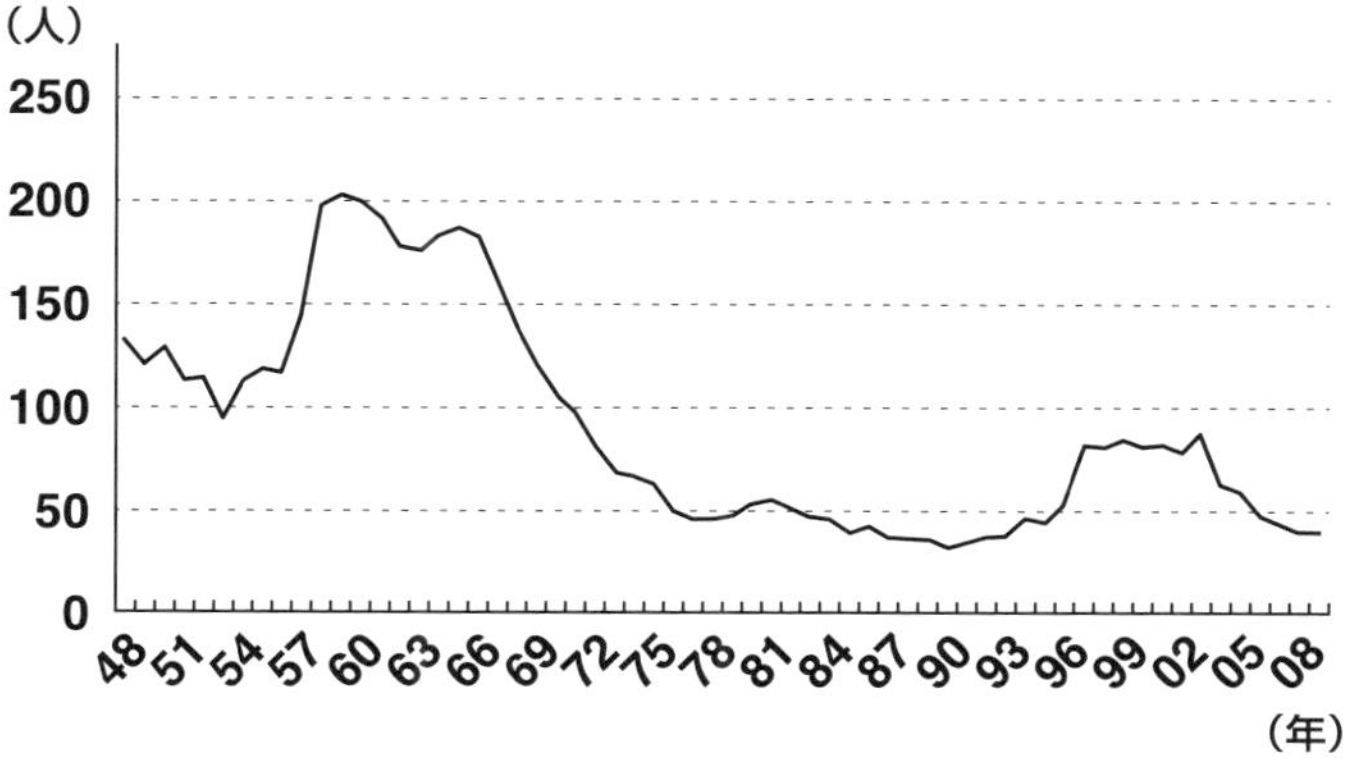

図 8-6　少年による凶悪犯罪の検挙人員の推移（少年人口 100 万人あたりの数）

りません。

　では、少年による強盗の急増の背景には、何があったのでしょうか。次の二つの可能性を考える必要があります。

A　なんらかの要因があり、少年による強盗犯罪が(暗数も含めて)激増した。

B　それまでは強盗として統計に出ていなかったであろうことが、強盗として数えられるようになった。

　素直に考えればAのみが考えられるでしょうが、犯罪統計に関してはBを

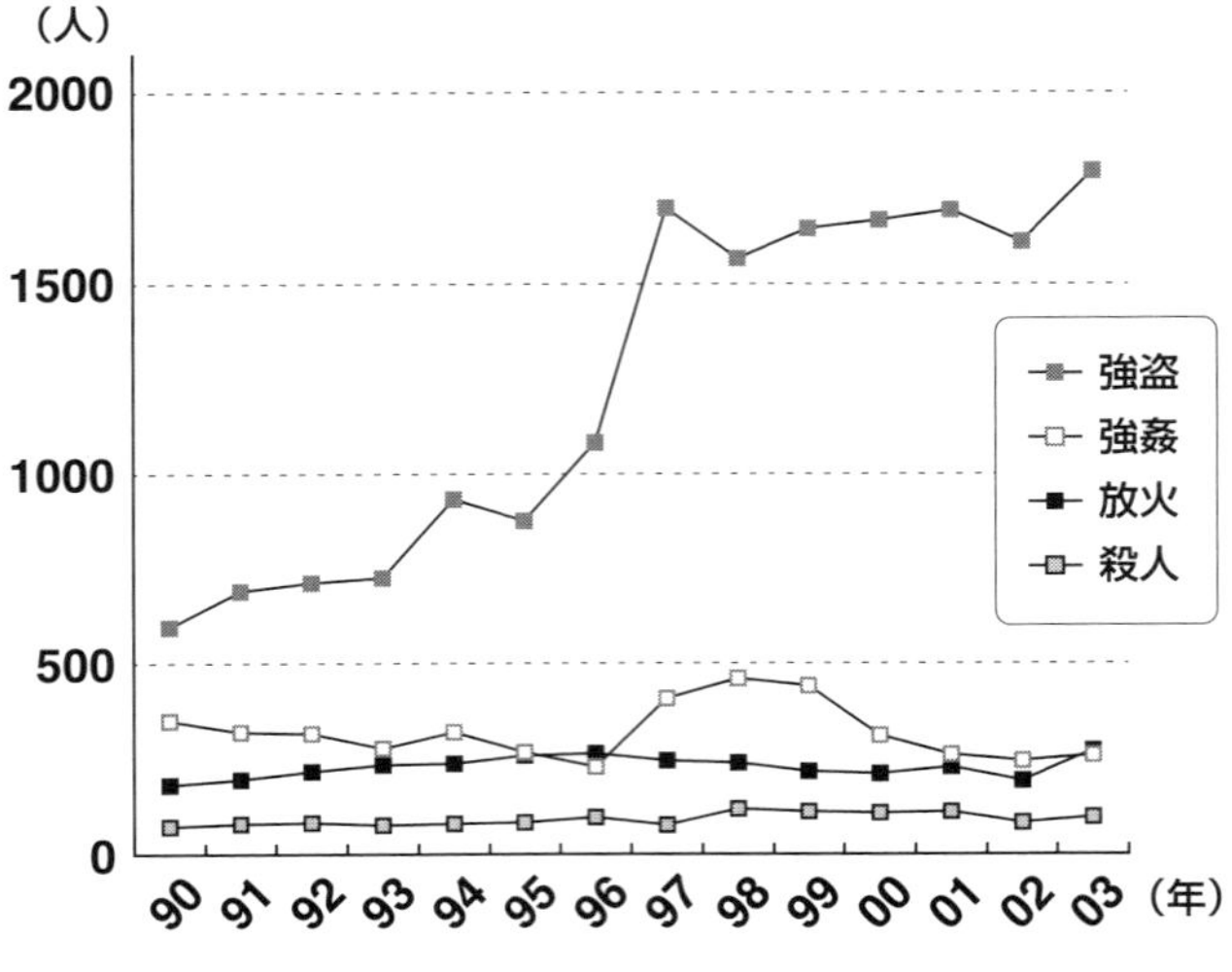

図 8-7　少年による凶悪犯罪の検挙人員の推移（罪種別）（警察庁「犯罪統計」より作成）

考慮しなければならない場合が多いと考えられます。法律の変化や警察の方針の変化等で、犯罪の認知件数や検挙人数が大きく変わることは、珍しくありません。

１９９７年頃、少年犯罪に関してさまざまなことが起こっていました。

１９９７年2月から5月にかけて、神戸市で、小学生が殺傷される事件が連続して発生し、6月28日、これらの事件の容疑で当時中学生の少年が逮捕されました。この神戸連続児童殺傷事件は当時の人々に大きな衝撃を与え、少年法による加害少年保護のあり方等について深刻な議論を投げかけました。

また、同じ頃、「おやじ狩り」とよばれる種類の事件が社会問題化しました。少年たちが中高年の会社員等を襲撃し、金銭を巻き上げるものです。

ほかにもこの年の上半期には、ナイキ製バスケットシューズや携帯ゲーム型おもちゃ「たまごっち」等をめぐる強盗等の事件、覚せい剤乱用事件、いじめ仕返し殺人、金属バットによる父親殺害事件等、少年による犯罪がさまざまに報じられています。

こうした状況の中、6月3日の会議において当時の関口警察庁長官が「悪質な非行には厳正に対処、補導を含む強い姿勢で挑む」という強硬姿勢を打ち出しています。警察の方針が変わり、それまでであれば窃盗と傷害、あるいは恐喝等とされていたような事件が、より厳しい強盗等の罪で摘発されるようになったという説もあります。

１９９７年に少年の犯罪が深刻化したということも、十分に言えると考えられます。他方で、警察の方針の変化によって犯罪の取り締まられ方に変化が生じ、犯罪統計に影響が出ている可能性があることも確認しておかねばなりません。

統計は、現実の一部を抽出し、分析したものです。大変便利なものではありますが、統計の向こう側の現実への想像力を欠いてしまうと、とんでもない誤解をしてしまう可能性もあります。統計がどのようにつくられているのか、意識する必要があります。

主な参考文献

1　音律とハーモニーの数学

小方厚『音律と音階の科学』講談社、２００７年

桜井進・坂口博樹『音楽と数学の交差』大月書店、２０１１年

藤田朋世「『音律から音楽について考える』授業の開発」、千葉大学教育学部授業実践開発研究室『授業実践開発研究』第四巻、45‐53、２０１１年

2　次元を超えるトリックアート

杉原厚吉『だまし絵の描き方入門』誠文堂新光社、２００８年

丹羽敏雄『射影幾何学入門―生物の形態と数学』実教出版、２００１年

3　素数と暗号

阿部学・塩田真吾・藤川大祐・古谷成司・市野敬介「アニメーション教材を活用した数学史の授業開発―中学校数学『図形の証明』における試み―」、『ＣＩＥＣ研究会論文』3、23‐27、２０１２年

コンスタンス・レイド『ゼロから無限へ―数論の世界を訪ねて』講談社、１９７１年

一松信『改訂新版　暗号の数理』講談社、２００５年

4　証明の起源から3D技術まで

マイケル・J・ブラッドリー（松浦俊輔訳）『数学を生んだ父母たち　数論、幾何、代数の誕生（数学を切りひらいた人びと1）』青土社、2009年

E・マオール（伊理由美訳）『ピタゴラスの定理　4000年の歴史』岩波書店、2008年

ロビン・ウィルソン（茂木健一郎訳）『四色問題』新潮社、2004年

塩田真吾・阿部学・藤川大祐・古谷成司・市野敬介「図形の性質と3次元計測技術の関係を理解するデジタル教材の開発―身近な情報機器の仕組みを題材として―」『CIEC研究会論文誌』3、19-22、2012年

5　虚数iが電気工学で使われる理由

小池翔太「中学校数学における複素数を題材とした授業実践開発―『社会とつながる数学』の考察を通して―」、『社会とつながる教員養成に関する実践的研究』（藤川大祐編、千葉大学大学院人文社会科学研究科研究プロジェクト報告書第249集）、24-36、2012年

ニュートン別冊『虚数がよくわかる』ニュートンプレス、2009年

6　最長片道切符と情報工学

太田貴之・小池翔太「中学校における最適化問題を題材とした授業開発―『最長片道切符』を事例として―」、『社会とつながる教員養成に関する実践的研究』（藤川大祐編、千葉大学大学院人文社会科学研究科研究プロジェクト報告書第249集）、37-44、2012年

ウェブサイト「最長片道きっぷの経路を求める」http://www.swa.gr.jp/lop/index.html（作成KASAI Takaya）

7　負けにくい戦略とゲーム理論

トム・ジークフリード（冨永星訳）『もっとも美しい数学ゲーム理論』文藝春秋、２００８年
武蔵振一郎「リスクマネージメントの概念形成を目指した授業の開発―ゲーム理論からギャンブルまで―」、千葉大学教育学部授業実践開発研究室『授業実践開発研究』第２巻、27‐34、２００９年

8　統計を読み解く―視聴率から犯罪まで

谷岡一郎『「社会調査」のウソ―リサーチ・リテラシーのすすめ』文藝春秋、２０００年
根岸千悠「『犯罪について考える』授業の開発―犯罪の実態と認識の乖離および環境犯罪学に着目して―」、千葉大学教育学部授業実践開発研究室『授業実践開発研究』第４巻、37‐43、２０１１年
パオロ・マッツァリーノ『反社会学講座』イースト・プレス、２００４年
藤平芳紀『視聴率の謎にせまる』ニュートンプレス、１９９９年

付録

エイムズの部屋展開図

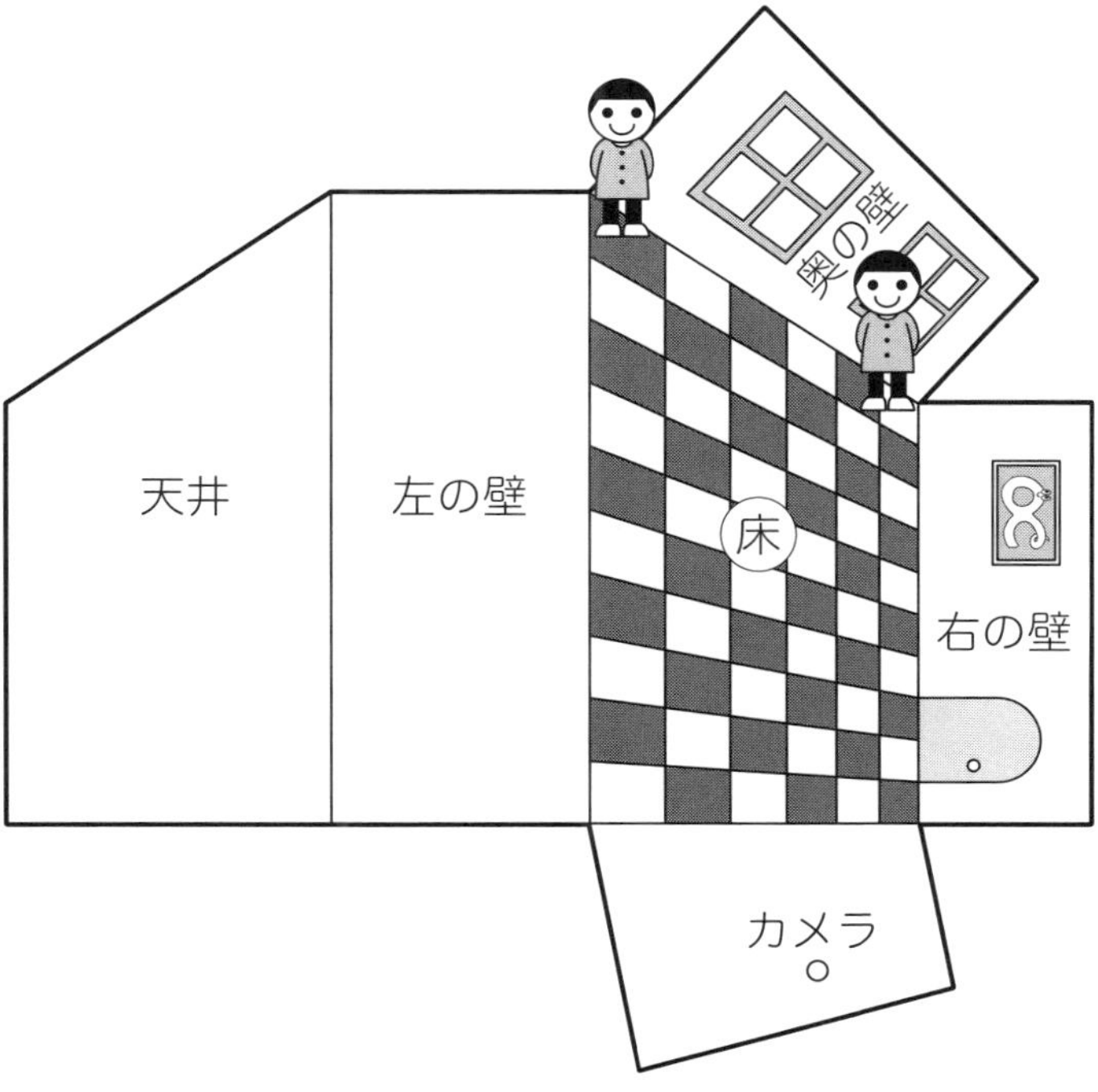

※部屋の模様が描かれている側を内側として折りましょう。

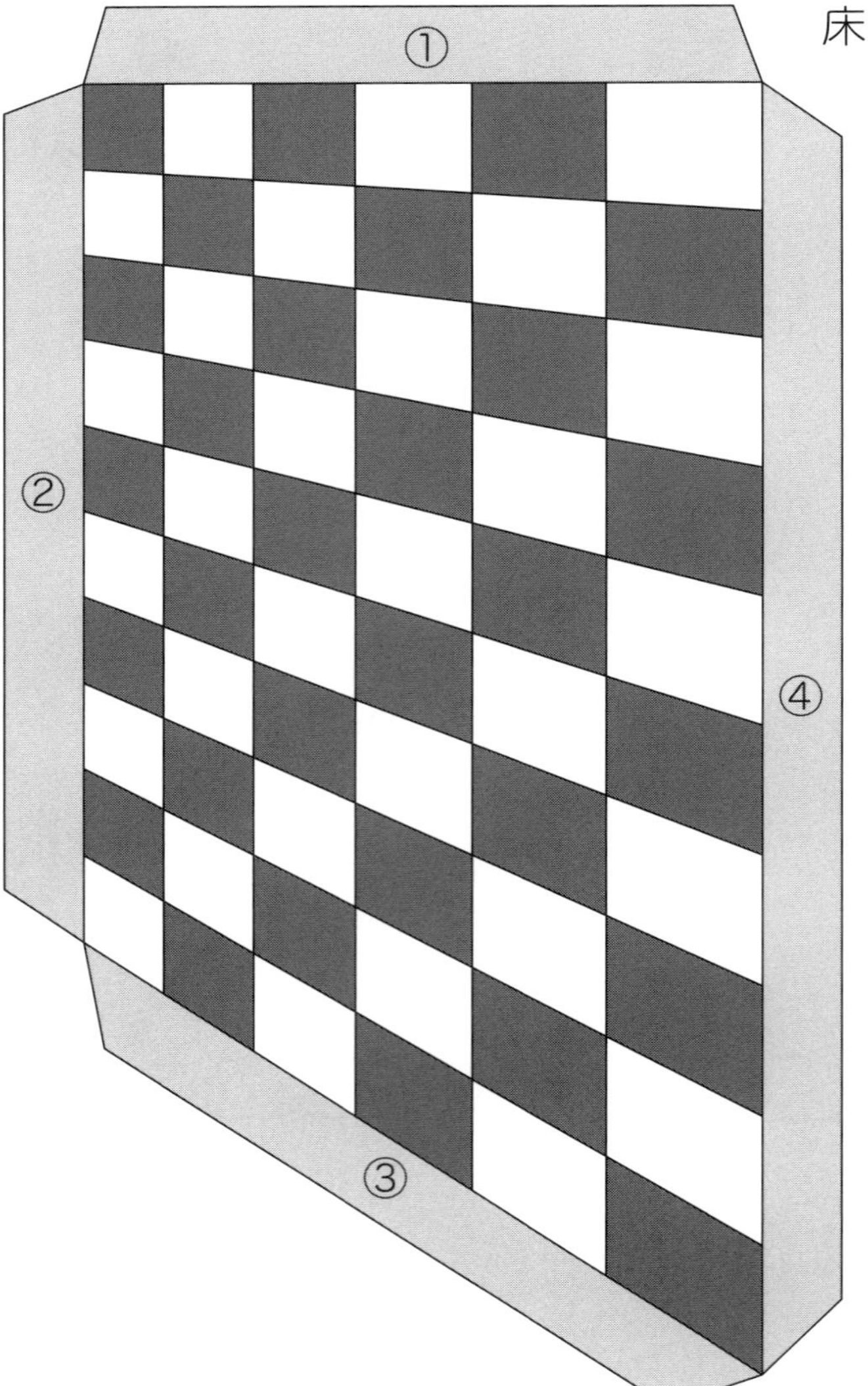

奥の壁

カメラ側の壁

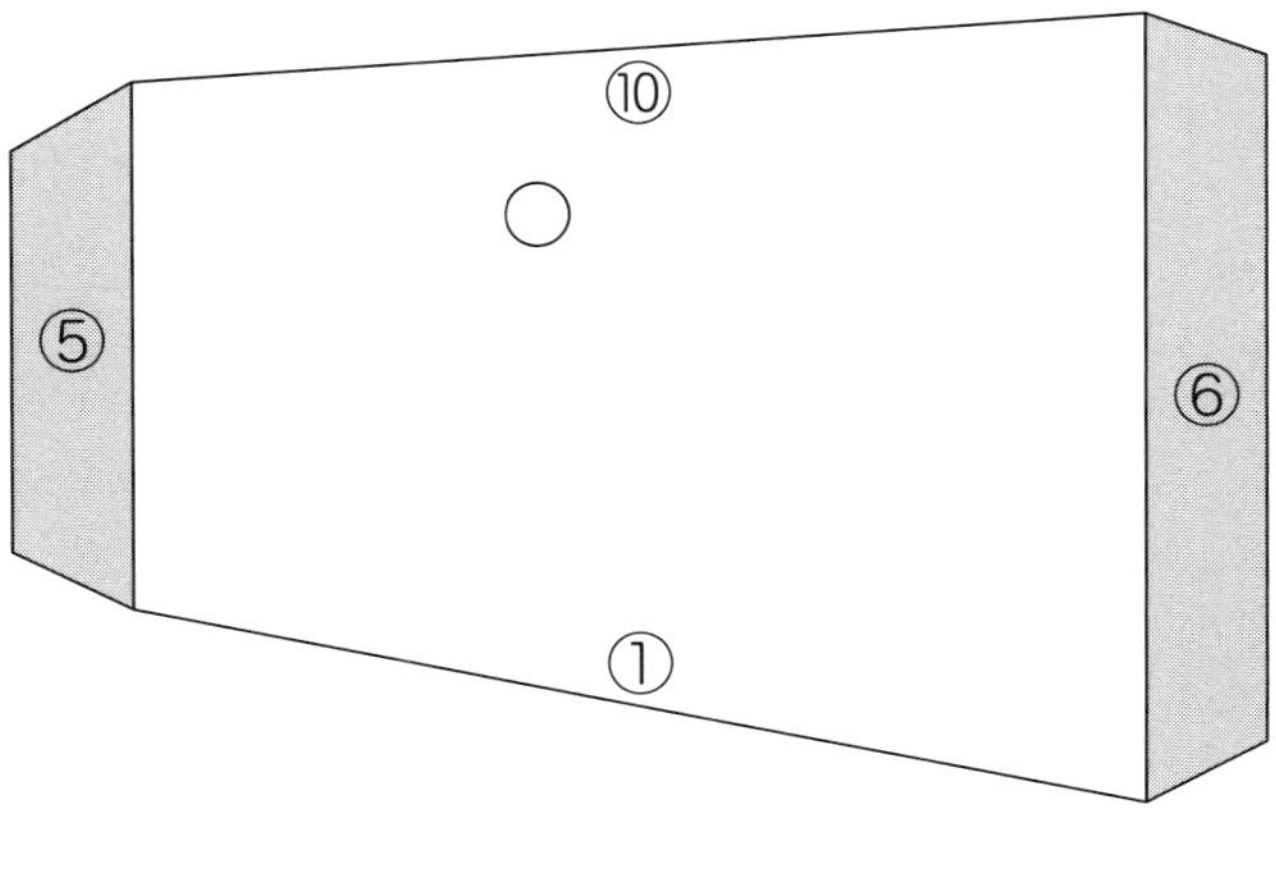

右側の壁

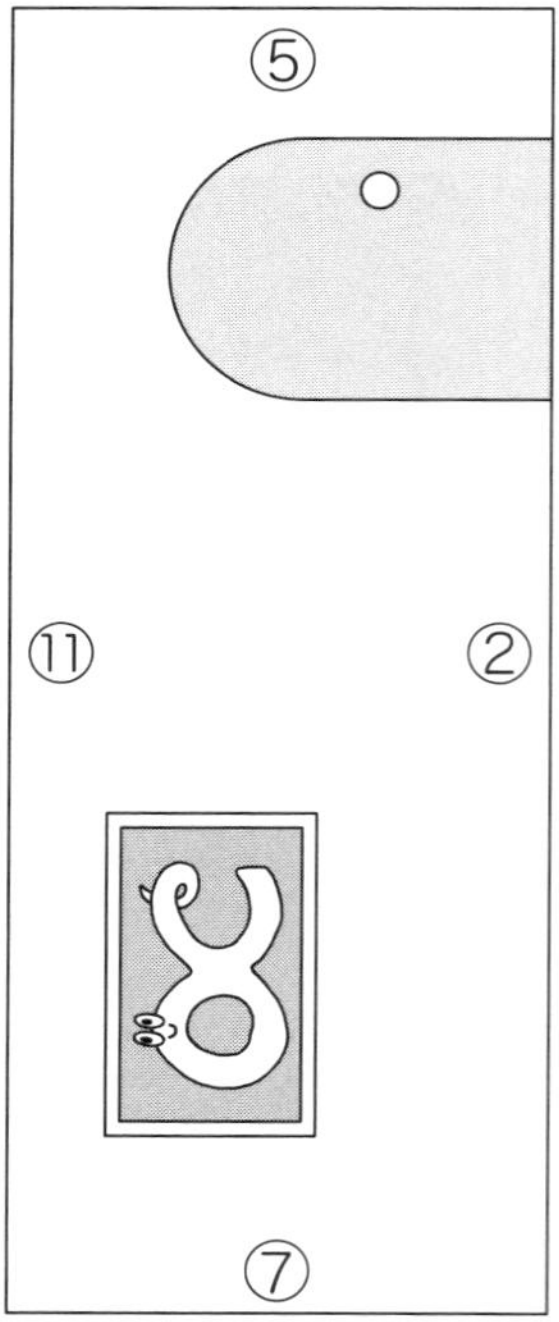

人物

左側の壁

天井
⑩
⑨
⑪
⑫

著者の略歴
藤川　大祐（ふじかわ・だいすけ）
千葉大学教育学部教授（教育方法学、授業実践開発）。
1965年東京生まれ、東京大学大学院教育学研究科博士課程単位取得満期退学。金城学院大学助教授、千葉大学准教授等を経て、2010年より現職。数学をはじめ、ディベート、メディアリテラシー、キャリア教育等、さまざまな分野の新しい授業づくりに取り組む。NPO法人全国教室ディベート連盟理事長、NPO法人企業教育研究会理事長等をつとめる。
主な著書として『数学する教室』（学事出版）、『学校・家庭でできるメディアリテラシー教育』（金子書房）、『いじめで子どもが壊れる前に』（角川学芸出版）等がある。

教科書を飛び出した数学

平成25年7月30日　発　行

著作者　藤　川　大　祐

発行者　池　田　和　博

発行所　丸善出版株式会社
〒101-0051 東京都千代田区神田神保町二丁目17番
編集：電話(03)3512-3267／FAX(03)3512-3272
営業：電話(03)3512-3256／FAX(03)3512-3270
http://pub.maruzen.co.jp/

組版／株式会社 薬師神デザイン研究所
印刷・製本／三美印刷株式会社

ISBN 978-4-621-08605-6 C 0041　Printed in Japan